# 做一个
# 有商业思维的
# 电商设计师

## 从小白到高手

钱 莹 编著

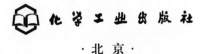

化学工业出版社

·北京·

# 内 容 简 介

本书内容由浅入深，从设计基础展开，逐步延伸到电商设计工作中的各种常见设计类型，并强调了电商设计的运营思维和用户思维。

全书分为四大部分，共14章节。

第一部分：电商设计基础，第1~3章。主要讲述设计基础知识，电商设计人员及电商工作人员应该具备的基础设计知识都有涉及。夯实设计基础可以让后续的设计工作更加得心应手。

第二部分：电商设计的整体思维，第4~6章。内容涵盖如何建立设计思维，怎样建立品牌意识，如何探究卖点可视化常用的解决思路，如何写更实用的电商文案。正确的思路和解决问题的方式可以让工作更有效。

第三部分：具体实施，第7~12章。是实操与理论结合的部分，内容涵盖怎样进行基础的拍摄、修图，怎么设计主图和直通车图，Banner、海报设计的技巧，以及详情页的设计思路和技巧，还包含了基础的GIF图片制作和短视频的拍摄与制作内容。电商设计要求的多元化要求我们的技能也更多元化。

第四部分：思考和提升，第13、14章。内容包括结合项目执行细化全案的完整流程，还有设计师的自我提升规划。

书中列举大量实例，重点案例还附视频讲解，可参考性较强。本书可供准备从事或者正在从事电商设计的设计人员、电商美工，以及从事网店运营、管理等相关人员阅读参考。

**图书在版编目（CIP）数据**

做一个有商业思维的电商设计师：从小白到高手 /
钱莹编著. —北京：化学工业出版社，2023.5（2024.11重印）
ISBN 978-7-122-42920-9

Ⅰ. ①做… Ⅱ. ①钱… Ⅲ. ①图像处理软件 Ⅳ.
①TP391.413

中国国家版本馆 CIP 数据核字（2023）第 023580 号

责任编辑：王清颢　张兴辉　　　　　　　文字编辑：袁　宁
责任校对：王　静　　　　　　　　　　　装帧设计：水长流文化

出版发行：化学工业出版社（北京市东城区青年湖南街 13 号　邮政编码 100011）
印　　装：北京虎彩文化传播有限公司
787mm×1092mm　1/16　印张 15　字数 311 千字　2024 年 11 月北京第 1 版第 3 次印刷

购书咨询：010-64518888　　　　　　　　售后服务：010-64518899
网　　址：http://www.cip.com.cn
凡购买本书，如有缺损质量问题，本社销售中心负责调换。

定　　价：89.80 元

# 前言

　　笔者经常被问到一些问题："设计是青春饭吗？""设计这行有没有前途？""我××岁了，现在入行设计还来得及吗？""我做设计为什么总是没有想法？"这两年我们听到越来越多的"不要做工具人""设计赋能商业""触达用户"这样的声音，对于大部分设计从业者，这都还是一句空口号。设计师这一人群虽然很庞大，但是真正有机会进入大公司或者是在专业的设计机构工作的人毕竟是少数。很多设计师接触不到数据，不懂什么是用户思维、什么是站在用户角度，不明白设计能给数据带来怎样的改变，不懂赋能是赋什么能……

　　作为一名设计师，在不能很好地掌握技术的前提下，达不到可以用设计解决问题的能力前，笔者自认为，谈"不要做工具人"为时过早。

　　设计是设计师了解这个世界的工具，通过设计，我们洞察身边的事物，包含工作，透过设计我们甚至能发现不同行业之间的相通性，比如设计和运营、运营和产品经理。设计和运营在某些思维方面是相通的，优秀的运营往往对设计非常了解，他们可以对设计的流行趋势以及未来的一些变化侃侃而谈；同样一些优秀的设计师运营思维也很厉害，他可以向你讲述什么样的设计可以拉高数据，什么样的设计可以提高用户体验……

　　设计师很重要的一个能力就是：用设计解决问题。只有当你用设计解决过足够多的问题之后，积累了足够的经验之后，你才会更深刻地理解"不要做工具人"的含义。一个优秀的设计师一定善于捕捉用户的、运营的需求，可以从很少的内容和沟通中抓取到很重要的信息，这些都是学习软件给不了你的，也是chatGPT做不到的。

笔者认为设计是一个非常好的行业，它出售的是你的专业和思维，你可以随时随地办公，你也可以借助设计表达、发泄。你可以在这个行业里面潜心钻研技术成为技术大牛，大公司的需求和一流的项目会因为你的技术而主动找到你；你也可以研究策划营销，将视觉与营销结合起来，真的做到赋能商业。还有其他无数种的可能等待你去发掘，但这个行业，需要你热爱并为之付出。这是一个门槛比较低的行业，低到可能经过一个月的软件培训你就可以找到一个相关的工作岗位。但同时这也是一个天花板很高的行业，在这个行业里面待得越久，越觉得自己能力还远远不够。

能为电商行业写一本书，我感到非常荣幸，也给笔者自己在职业生涯中记了很重要的一笔。从事电商设计工作这十多年中，很巧的是笔者同淘宝、京东、拼多多甚至抖音这些主流的电商平台一起成长了起来。笔者身边的客户从默默无闻的小卖家做到了行业TOP（顶端），再从TOP做到了行业第一，笔者也见证了很多爆款、品牌做起来的过程。感谢这些客户在成长初期与笔者并肩作战，教笔者看数据，笔者明白了数据的重要性，了解了什么是洞察。再到后来笔者接触到一些大品牌、大公司的项目外包，被项目经理"调教"，被UED（用户体验设计师）"调教"，被需求方"调教"，曾经在无数个改稿的夜晚，笔者觉得世界都不美好了，但是经历过之后再回头看，这些都是笔者成长的重要节点。在后面笔者开始去听运营的课程、品牌的课程，在带领团队的同时一直坚持自我学习，作为电商设计师，学习一定是贯穿我们职业生涯的。

在本书中，笔者从设计基础逐步深入，再到我们工作中案例的拆解，以及数据反馈，将设计和运营思维、用户思维联合起来，将笔者这十来年的设计经验，和对设计的一些思考分享出来。希望这本书不仅仅可以解决工作中的设计问题，还能为你的设计带来一点更有价值的思考。

由于时间和水平有限，书中不足之处在所难免，敬请批评指正。

编著者

**目录**

## 第一部分　电商设计基础

### 第1章 | 新时代的电商设计

| | |
|---|---|
| **1.1 什么是电商设计** | **002** |
| **1.2 常见电商设计图** | **004** |
| 1.2.1 主图 | 004 |
| 1.2.2 详情页 | 004 |
| 1.2.3 Banner | 005 |
| 1.2.4 直通车图 | 006 |
| 1.2.5 首页 | 006 |
| 1.2.6 活动页/专题页 | 007 |
| **1.3 新零售对电商设计的改变** | **008** |
| **1.4 电商设计师的前景** | **008** |
| 1.4.1 做好电商设计需要看懂的几个数据 | 009 |
| 1.4.2 直播带货对电商设计的影响 | 010 |

## 第2章 | 电商设计师必会的设计软件

**2.1 PS软件在电商设计中的应用**      **011**

**2.2 Cinema 4D软件在电商设计中的应用**      **012**

**2.3 AI软件在电商设计中的应用**      **013**

**2.4 选取设计软件时要考虑的因素**      **014**

    2.4.1 位图和矢量图      014

    2.4.2 分辨率      014

    2.4.3 RGB与CMYK      015

**实例 用C4D和AI制作3D字体**      015

## 第3章 | 电商的平面设计基础

**3.1 版式设计基础**      **020**

    3.1.1 排版的意义      021

    3.1.2 版式设计中的三大基本元素      023

    3.1.3 点线面的运用      025

    3.1.4 标题文字排版      025

    3.1.5 字体设计及搭配运用      026

    3.1.6 字体的类型      028

    3.1.7 不同字体的性格和搭配      029

    3.1.8 版式设计中的层次      031

**技巧1 字体的下载与安装方法**      032

**技巧2 如何高效查找字体**      032

**3.2 色彩的基础知识**      **033**

    3.2.1 色彩的基本属性      033

    3.2.2 色彩心理学      035

    3.2.3 色彩和光源的关系      038

    3.2.4 经典配色      038

**技巧3 如何根据产品搭配颜色**      040

**实例 制作一个简约的版式**      041

## 第4章 | 电商设计的品牌意识

**4.1 建立品牌意识** **045**

4.1.1 为什么要做品牌 045

4.1.2 品牌需求的设计类型 045

4.1.3 品牌设计的底层逻辑 046

4.1.4 好的品牌设计是什么样的? 047

**4.2 品牌logo设计** **047**

4.2.1 品牌与logo的关系 047

4.2.2 logo常见类型及趋势 048

4.2.3 logo设计原则 048

4.2.4 logo设计常用方法 048

4.2.5 logo配色技巧 050

**4.3 设计要从品牌出发** **051**

技巧 logo配色技巧 052

## 第5章 | 电商设计的卖点可视化

**5.1 什么是卖点可视化** **053**

**5.2 如何形成卖点表达的思维** **055**

实例1 空气净化器产品图设计中的卖点思维 056

实例2 婴儿车产品图设计中的卖点思维 057

实例3 砧板产品图设计中的卖点思维 058

**5.3 "风"的卖点表达** **058**

实例4 用PS制作"风"卖点可视化 059

**5.4 "热"的卖点表达** **062**

实例5 用PS制作"冷""热"卖点可视化 066

**5.5 "安静"的卖点表达** **069**

**5.6 "轻"的卖点表达** **070**

实例6 用PS制作"轻"卖点可视化 071

技巧 眼镜如何修图 074

**5.7 其他卖点的表达** **076**

实例7 用PS制作眼镜卖点可视化——眼镜防蓝光卖点表现 078

实例8 用C4D制作家居卖点可视化——牙刷防水卖点表现 080

## 第6章 | 利用文案为设计加分

**6.1 用用户思维写文案** **084**

6.1.1 电商文案的类型 085

6.1.2 如何写更合适的电商文案 086

**6.2 文案的创作方式** **088**

**6.3 文案如何优化** **088**

6.3.1 精准地说获得的感受 088

6.3.2 精准地说特点 089

**6.4 电商设计作品的文案编排** **090**

实例 制作一个带文案的电商视觉设计作品 090

# 第三部分 具体实施

## 第7章 电商产品图的拍摄与美化

**7.1 产品图片拍摄**      **093**

7.1.1 如何搭建拍摄台面      093

7.1.2 如何用手机拍摄产品图片      094

7.1.3 如何拍摄出符合产品属性的广告图      096

实例1 用手机拍摄帽子产品图      096

**7.2 产品图片修图**      **098**

实例2 用钢笔工具抠图      099

实例3 整体调色      099

技巧1 杂乱背景如何修图      101

技巧2 如何修图使产品更具质感      102

实例4 饰品精修案例详解      103

**7.3 图片创意合成**      **106**

7.3.1 什么是透视      106

7.3.2 怎样运用光影关系      107

实例5 奶粉创意海报合成      109

## 第8章 电商产品主图和直通车图设计

**8.1 设计师的运营思维：主图/直通车图**      **114**

8.1.1 主图      115

实例1 腰带图      116

8.1.2 直通车图      116

8.1.3 主图与直通车图的区别      117

**8.2 主图/直通车图常见设计技巧**      **117**

8.2.1 主图常用的设计版式      118

8.2.2 如何制造差异化      118

**8.3 主图/直通车图常用的表现形式**     **121**

**8.4 主图/直通车图的制作思路**     **122**

**8.5 常用的高点击率的主图设计思路**     **123**

实例2 用PS制作日用品主图     125

实例3 用PS制作美妆类主图     131

实例4 用C4D制作数码3C主图     134

技巧 毛发的制作     138

## 第9章 平面海报设计和Banner设计

**9.1 平面海报设计与Banner设计的区别**     **140**

**9.2 平面海报设计**     **141**

9.2.1 平面海报设计的原则     141

9.2.2 常规的平面海报布局方式     142

9.2.3 非常规的平面海报布局方式     143

9.2.4 不同风格类型平面海报表现方式     144

9.2.5 平面海报设计思维训练     149

9.2.6 平面海报设计的印刷规范     150

技巧1 如何不抠图制作设计感海报     151

技巧2 活用混合模式的技巧     154

**9.3 Banner设计**     **156**

9.3.1 Banner的组成要素     156

9.3.2 Banner设计前的准备工作     156

9.3.3 Banner版式部分的设计技巧     157

9.3.4 Banner色彩部分的设计技巧     158

9.3.5 Banner常见的视觉风格     160

实例 用PS制作大促活动Banner     161

## 第10章 | 电商详情页设计

**10.1 设计详情页前的准备** **166**

10.1.1 找到产品的目标人群 168

10.1.2 风格策划 170

10.1.3 怎样提高转化率 171

**10.2 详情页的结构规范** **172**

**10.3 优化详情页视觉体验** **175**

**10.4 详情页的制作流程分析** **178**

技巧 如何打造爆款详情页 178

实例 用PS制作沙发套详情页 180

## 第11章 | 电商GIF动图制作 183

**11.1 电商动图的使用类型** **183**

**11.2 动态详情页设计与制作** **184**

实例 用PS制作蝴蝶飞舞动态图 189

## 第12章 | 电商短视频拍摄与制作 191

**12.1 短视频的拍摄** **191**

12.1.1 产品拍摄流程 192

12.1.2 视频构图的基本原则 193

12.1.3 景别 195

12.1.4 角度 195

**12.2 短视频的剪辑** **195**

12.2.1 常用剪辑软件 195

12.2.2 视频剪辑流程 196

12.2.3 视频剪辑技巧 197

12.2.4 视频制作技巧 197

**12.3 短视频的输出与应用** **199**

12.3.1 常用的视频输出格式 200

12.3.2 视频的尺寸 200

## 第四部分　思考和提升

### 第13章 | 电商品牌全案设计流程

13.1　项目设计流程　　　　　　　　　　202

13.2　如何更有效地沟通　　　　　　　　203

13.3　养成优秀的复盘习惯　　　　　　　205

13.4　外包如何报价　　　　　　　　　　206

实例　制订一个电商视觉设计方案　　　　207

### 第14章 | 设计师的自我提升

14.1　给自己制订学习计划　　　　　　　213

14.2　在实践中不断提升　　　　　　　　215

## 附　录

一、人群的精准定位　　　　　　　　　　216

二、常见的电商促销节日主题活动　　　　218

三、设计工具推荐　　　　　　　　　　　219

四、优秀设计资源推荐　　　　　　　　　222

五、矢量插画　　　　　　　　　　　　　224

实例　用AI绘制矢量插画　　　　　　　　225

六、常用的logo灵感网站　　　　　　　　227

七、赠送案例制作视频　　　　　　　　　228

- 第一部分 -

# 电商设计基础

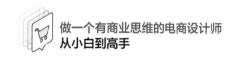
# 第1章　新时代的电商设计

电子商务，简称电商，是指在互联网、内部网和增值网上以电子交易方式进行交易活动和相关服务活动，使传统商业活动的各个环节电子化、网络化的一种新型商业运营模式。伴随软硬件技术的迅猛提高，电商网站规模不断增大，同时，电商将从如今的集中于网上交易货物及服务，向行业运作的各个环节、领域扩展及延伸。电商设计是一个在互联网社会中占据重要地位的新兴的设计门类，它是从平面设计发展而来的。本章主要介绍什么是电商设计、电商设计图的分类、新零售对电商设计的改变，以及电商设计师的前景等，让大家在正式学习之前对电商设计有个初步了解。

## 1.1　什么是电商设计

如今，电商设计已经是一个非常成熟的行业，包含平面设计、三维设计、手绘设计、动态设计、视频剪辑等等。电商设计师不仅要掌握设计的基本知识和技能，还要懂一些数据和视觉营销方面的知识。电商设计是商业设计，设计师可以迅速地通过数据复盘自己的设计是否有利于产品的销售，因此设计师还要了解一些销售、用户心理、用户体验、运营、交互等方面的知识。

随着客户端从电脑到智能手机的转变，手机端（无线端）成为了设计环节中更重要的部分，竖屏思维成为了电商设计的主流思维。随着竞争的激烈，电商越来越注重品牌、内容、品质等等，好的设计会使产品更容易赢得消费者的信赖。

电商是互联网行业，电商设计的工作需求繁、杂、急。这种工作可以让我们在高压的工作环境中迅速成长，但也会让人迷失职业方向，一不小心就变成只会作图的工具人。面对这样的情况，我们要有合理的职业规划、强大的抗压能力，更重要的是不断地通过学习突破自己的认知，了解设计在工作中的意义，让设计为商业赋能，从而使自己的工作变得更有意义。

以下是电商设计常见的一些概念和设计需求。

① SKU。SKU = stock keeping unit（库存量单位），即库存进出计量的单位，可以是件、盒、个、托盘等。针对淘宝而言，SKU是指一款商品，即每款产品都有一个SKU。SKU可以方便淘宝识别商品，一款商品多色，则是有多个SKU，比如一件衣服，有红色、白色、蓝色，则每个颜色SKU编码也不相同，如相同则会出现混淆，导致发错货。

② KV。KV = key vision，指画面的主视觉。是一个广告活动的最主要、最核心的视觉设计稿。而海报，在同样一场广告活动当中，可以常规理解为"从主视觉延展出来的分支画面"，商家推出某个广告，是希望用户记住广告的，所以就希望有个统一的核心视

觉，这样用户从多个渠道看到分支视觉的时候，也会对主视觉产生印象和联想，就会记住这个广告，这就是主视觉的作用。

③ 尺寸单位。跟印刷类图片不同，电商、互联网类型的图片多以px（像素）为单位，在设计过程中遇到较大的篇幅时需注意视觉焦点。仅作互联网媒介展示的图片对广告材质和色彩模式没有要求。常见图片的设计尺寸见表1-1。

表1-1　常见图片的设计尺寸

| 平台 | 图片类型 | 尺寸要求[2] | 其他要求 |
|---|---|---|---|
| 淘宝 | 主图 | 800×800（有放大镜功能） | 仅支持3MB，jpg、jpeg、gif、png格式图片上传 |
| | 详情页（c店） | 750×高度不限 | |
| | 详情页（天猫） | 790×高度不限 | |
| | 海报（pc通屏） | 1920×（高500~1100） | |
| | 店招[1]（c店） | 950×150，1920×150（全屏） | |
| | 店招（天猫） | 990×150，1920×150（全屏） | |
| | 主图视频比例 | 1：1或16：9或3：4 | |
| | 手淘首页海报（天猫） | 1200×（高600~2000） | 支持jpg/png格式，大小不超过2MB |
| | 手淘首页海报（c店） | 1200×（高600~2000） | 支持jpg/png格式，大小不超过2MB |
| 京东 | 主图 | 800×800 | |
| | 详情页 | 790/990×高度不限 | |
| | 海报（pc通屏） | 1920×（高500~1100适宜） | |
| | 电脑端店招 | 990×110（中间部分） | |
| | 手机端店招 | 640×200 | |
| | 主图视频比例 | 1：1或16：9或3：4 | |
| | 手机端首页 | 640×高（85/170/255依次类推，每一个小方格85） | 支持jpg/png格式，大小不超过2MB |
| 拼多多 | 主图 | 740×352 | 单张不超过1MB |
| | 详情页 | 宽度>480，高度0~1500 | 单张不超过1MB，总数不超过20张 |

---

❶ 店招即商店的招牌。
❷ 书中不做特殊说明的设计尺寸，单位均为像素（px）。

## 1.2 | 常见电商设计图

电商需要的图片类型很多，除了店铺内的主图、详情页、首页，还有一些用来推广、引流的图片。以下介绍电商设计图片的常见类型。

### 1.2.1 主图

电商主图有电脑（pc）端和手机端之分，图1-1是电脑端主图的效果展示，图1-2是手机端主图的效果展示。

图1-1　**电脑端主图❶**　　　　　　　　　　　　　　　　　　图1-2　**手机端主图**

主图常用的尺寸一般分为1∶1、16∶9、3∶4三种，1∶1要求大于700×700，大小不超过3MB，一般选择800×800（这个尺寸既满足要求，又不会使图片太大），图片一般要求大小不能超过500kB。3∶4这个比例现在比较常用，而且可以在手机淘宝的界面有更好的视觉享受，一般推荐750×1000，大小建议不超过1MB。

以淘宝平台为例（图1-1），主图通常由5张图片组成，第一张主图用来展示产品形象，吸引用户点击，后面几张通常是对产品的详细介绍。拼多多可以上传10张图片，另外，不同的平台，图片尺寸规格稍有不同。

### 1.2.2 详情页

详情页，简称为详情，是产品的介绍页面。产品详情页是非常重要的，它是提升转化率的有效途径。买家能通过产品详情页来详细了解产品的信息和特点，从而产生购买欲望。不同类目的详情页，版块内容稍有不同，常见的详情页设计版块有首屏海报、场景图、卖点图、细节图、详细参数、售后保障等。淘宝店铺的详情页的宽度是750px，天猫店详情页的宽度是790px。这个尺寸也可用于京东和拼多多。图1-3是详情页设计范例。

---

❶ 全书设计实例仅作为设计作品展示，与实际商品无关。

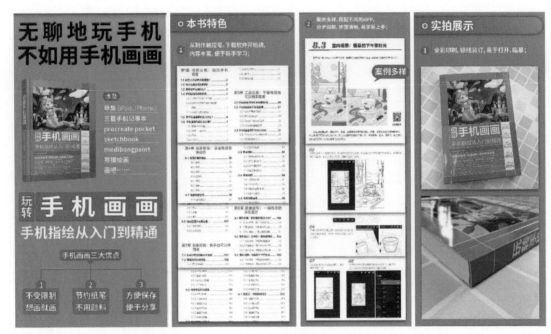

图1-3　详情页设计范例

### 1.2.3　Banner

　　Banner是通过网页、媒体等电子设备媒介传播的一种广告海报。Banner又可细分为：钻石展位、开屏、弹窗等。在电商领域有很多不同位置的推广图片，每个位置的图片尺寸都不一样。设计师在接到需求的时候，上传图片的后台都会有具体的图片尺寸要求，根据要求来设定画面尺寸就可以了。Banner会通过不同的媒介以及点击、曝光、投放等方式来实现产品的宣传。

　　随着媒体形式的多样化，Banner不再仅限于电商购物平台的一些展示途径，例如我们常看到的公众号封面、APP的首页海报，甚至一些推文的头图、电梯里的轮播海报，都可以称之为Banner（见图1-4Banner的设计实例）。

图1-4　Banner的设计实例

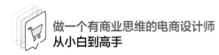

### 1.2.4 直通车图

想要了解直通车图的重要性，就要先了解什么是直通车。淘宝直通车是为专职淘宝和天猫卖家量身定制的，按点击付费的营销工具，可以为卖家实现商品的精准推广。直白一点讲，就是用竞价的方式，让你的产品图片出现在消费者面前。

作为设计师，我们需要了解的是由于这是一种竞价方式的图片推广，所以设计的图片好坏，会影响到这张图片的点击率，而点击率的好坏又会带来一系列的影响，比如更低的出价获得更好的展现位置，更低的投入获得更高的回报。

电商运营者通过花费一定的费用，做SEO（搜索优化）推广，并通过关键字设置，可以使消费者在输入搜索词汇时优先找到自己的产品或者店铺。图1-5是800×800的蜂蜜直通车图设计范例。图1-6是750×1000的拖鞋直通车图设计范例。

图1-5　**蜂蜜直通车图**　　图1-6　**拖鞋直通车图**

### 1.2.5 首页

首页也叫店铺主页，相当于实体店的门面+产品陈列。首页是将品牌的风格调性在网上呈现的重要载体。作为承接流量的载体，首页的功能越来越被弱化，大部分流量进入的都是产品的详情页。但对于一些有品牌力的品牌，首页是视觉形象和完整品牌形象不可或缺的一部分。

图1-7是两个不同品类店铺的首页实例（部分）。

图1-7　**店铺首页设计范例**

电脑端首页通屏尺寸宽度为1920px，主要内容集中在中间1100px部分，因为人们浏览网页的习惯是集中观看，太靠近边缘的内容容易被忽略，所以在设计电脑端页面的时候，重要内容尽可能向中间集中。而手机端屏幕较小，内容展示比较集中，手机端首页按照竖屏浏览的习惯设计，字体不宜过小。

### 1.2.6　活动页/专题页

活动页/专题页指各种主题营销活动的页面，活动页和专题页用于店铺的促销场景，常见于各大电商平台的各种节日促销，也有一些品牌力比较强的店铺会有自己的店铺节日，比如周年店庆、粉丝节等。

活动页/专题页常出现在店铺首页和各大活动会场的承接页。

图1-8、图1-9分别是奶粉活动页和七夕节专题页的页面设计效果范例[1]。

图1-8　**奶粉活动页实例**　　图1-9　**七夕节专题页实例**

---

❶ 本书中展示的实例中部分海报为设计效果使用繁体字或同音字，仅供参考。

## 1.3 | 新零售对电商设计的改变

新零售，即企业以互联网为依托，通过运用大数据、人工智能等先进技术手段，实现商品的生产、流通与销售。随着电商的普及、升级，电商美工岗位的招聘需求已经慢慢赶超传统平面设计的招聘需求。或者说，因为电商的普及，具备电商类型的设计知识已经成为一个平面设计师的基本素质之一。

一般提到电商模式，人们可能马上想到C2C、B2C、B2B等，但电商发展至今，各类型新兴电商模式层出不穷，以下列举几项说明。

① 传统电商。以拼多多为分界线，在它出现之前，广为人知的电商巨头基本都属于传统电商的范畴，如淘宝/天猫、京东、苏宁、唯品会等等。该类型电商平台普遍成立时间早、规模大、知名度高，该模式下新型的电商平台有网易考拉、网易严选、小米有品等。

② 社交电商。"社交电商"这个词如今火遍大江南北，在行业内也引起了广泛关注。与传统电商不同的是，社交电商是以消费者人际关系为着力点，基于人与人的分享裂变产生聚合效益，反向降低平台获客成本与服务成本。

社交电商又分为：社交内容电商，比如小红书；社交分享电商，比如拼多多；社交零售电商，比如京喜、苏宁拼购。

③ 兴趣电商。这个概念由抖音电商总裁康泽宇在2021年抖音电商首届生态大会上提出。兴趣电商即一种基于人们对美好生活的向往，满足用户潜在购物兴趣，提升消费者生活品质的电商。与传统货架式电商不同，抖音电商所倡导的兴趣电商，强调对用户潜在需求的发掘，通过推荐技术高效匹配供需双方从而促成交易，而不是追求做大而全的货架式电商。

无论电商模式怎么发展，都不会脱离产品和服务。而大多数产品和服务都有自己的品牌和线上线下设计需求。线下，需要各种投放的物料设计、产品包装、产品海报等；线上，需要店铺首页、详情设计、宝贝主图、产品视频等。行业生态发展越来越完整，对设计师的综合能力也就要求得越来越高。

这不是行业的内卷，而是行业进步的必然产物。任何一个行业，当它发展的生态比较完整，就会提高这个行业的平均就业水平素质。即这个行业越成熟，要求从业者的技能就越成熟、丰富。

## 1.4 | 电商设计师的前景

电商类的设计看起来简单，那是因为很多人对这个行业并不了解。一个成熟的页面设计或者一套主图，就像一个专业的销售，可以引导买家从浏览到购买的这一系列行为，这是一套VI（视觉识别系统）或者一套包装达不到的效果。这里面包含了从设计表现，到数据反馈，再到优化的过程；同时与品牌定位和品牌的运营方式也有关系。

趋于品牌化的电商和已经成熟的电商生态，对电商设计师有很大的需求。而电商设计师并不是很多人认为的"只会套版、改字体"的美工，而是有自己独立思维，善于分析数据，懂得产品表现的设计师，也就是本书要介绍的——懂运营的设计师。

今后的品牌设计将不再把线上和线下的设计分裂开，品牌方会要求设计师既懂得线上的视觉规范，又懂得线下的规则。现在很多品牌设计机构已经开始将线上的视觉要求衍生出来一些类似VI规范的内容，我们把它看作VI设计里的电商视觉体系也未尝不可。

电商设计师的工作繁、杂、碎。因为线上的营销页面修改除了时间几乎不涉及到其他成本，运营又会基于数据表现实时调整一些内容，因此，电商设计师会有大量的后期修改工作；还有各种大促、各种上新、各类型设计尺寸延展等等，电商设计师要做的类型和尺寸也非常多。有些头部的电商公司，自己团队的设计师都有几百人，一些设计工作仍要外包出去给别的设计团队。

### 1.4.1 做好电商设计需要看懂的几个数据

① 点击率。是指进入页面的流量中的百分比。

$$点击率 = 模块点击人数/页面浏览人数$$

② 转化率。是指流量的转化效率特征，提高转化率可以花同样的钱获得更好的回报，提升ROI（投入产出比）。

$$转化率 = 引入订单量/流量$$

③ 页面浏览人数UV /页面访问次数PV。UV是指访问页面的人数，一天内同一个访客多次访问仅计算一个UV，这是一个很重要的数据指标，它的多少往往决定了最终GMV（商品交易总额，或指一定时间段内成交总额）的高低。我们说的流量常常指的就是UV。PV即页面浏览量或者点击量，用户每一次对网站中的每个网页访问均被记录一个PV。

④ 客单价。是指每个订单的平均成交金额，具有比较强的品类特征，比如奢侈品类的客单价一般情况下是比一般消费品的客单价高的。同时，如果进行了拼单满减等运营策略，也能够刺激用户一单购买更多的商品，进而提升客单价。

$$客单价 = GMV/引入订单量$$

⑤ 停留时长。这个数据很好理解，是描述用户在页面上平均停留多少秒。比如一个用户看了10s这个页面，那么他的停留时长就是10s。

⑥ UV价值。是指每个UV产出的平均金额，也能从侧面看出流量的质量、流量与业务的匹配程度。比如一个页面，如果它的UV价值高，那么也就代表给它引入更多同类的流量，它就能创造更大的GMV。因此UV价值也是一个很重要的指标，和转化率一起综合

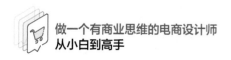

看，可以用来评估到底哪个业务/页面值得投入更多的流量。

$$UV价值 = GMV/UV$$

那么为什么设计师要懂数据呢？好好地做好自己的设计不就行了吗？设计师，尤其是电商设计师，除了具备基本的设计技能，想要在设计这个行业做得更久、更好，还要了解基本的数据。看懂数据可以让设计师更加理性地分析自己的设计。

比如，这次的设计为什么顾客的浏览时间更长了，却没有促进转化率的提升？

比如，这次的数据好转，是因为我在设计哪个方面进行了优化？

比如，不同的设计表现，为什么这个仅能提高转化率，而那个还能提高客单价？

### 1.4.2 直播带货对电商设计的影响

很多人说直播带货这么火，根本就不需要设计师了。其实，在电商逐渐趋于品牌化的今天，一个品牌的完整品牌形象，在互联网上就是通过首页、详情页等内容来表现的，很多销售还是依赖页面设计的静默转化。直播是一个新的场景、渠道，也是展示品牌形象的一个方面。仔细想一下你脑海里的品牌，是不是都有官方旗舰店，而且不同平台的旗舰店还有一点点不一样，这是因为不同平台的消费人群也有所区别，品牌也会契合平台属性做出一些调整。

> **提 示**
>
> 静默转化是指客户不通过咨询，通过比较和搜索等方式直接下单购买。它考察的是店铺的整体水平。提高静默转化率，不仅可以给店铺带来可观的销量，还能减少客户的成本和客服的工作量。

直播带货是一种新的流量转化方式，但它不会取代品牌的线上视觉工作，只是电商生态链的一部分而已。品牌形象需要线上传播，那么电商设计师就不会消失。

电商已经是一个成熟的商业业态，美工也好，电商设计师也罢，是众多岗位中的一个再寻常不过的岗位。他可以很普通，像是日常工作的一颗螺丝钉，也可以很不普通，就如我们说的实现用设计赋能商业。

# 第2章　电商设计师必会的设计软件

本章主要介绍PS（Photoshop）、Cinema 4D、AI等软件在电商设计中的应用，并通过详细的步骤讲解具体的制作方法。

<table>
<tr><td>2.1</td><td>PS 软件在电商设计中的应用</td></tr>
</table>

Photoshop，简称PS，是一款位图编辑软件，主要用于图像编辑、合成、调色等等。作为平面设计师的基本入门工具，PS一直都处于不能被取代的位置，小到改一个图片格式，大到复杂的场景合成都可以用PS完成。即使是三维岗位，或者视频剪辑也会跟PS打交道：三维需要将渲染出来的图片进行后期处理，剪辑在做一些视频字幕或者排版时也会用到PS。甚至很多运营都具备基本的PS操作能力，因此掌握PS是工作中不可缺少的一个技能（图2-1）。PS在电商设计中的主要功能有如下几点。

图2-1　PS软件界面截图

① 精修是电商日常工作最常见的内容，不同类目对于精修的标准不一样。通过后期PS处理，可以使产品的质感和表现力上一个档次。

图2-2　PS精修图片与原图对比

产品的线上销售，对产品的图片提出了更高的要求。一张更精致的产品图，会更容易打动消费者，也会让消费者感觉这个产品更加可靠（图2-2）。

② 合成是将不同的元素重新组织成一个新的画面，这是电商设计必备的工作技能，只要有设计的地方，就需要合成。合成不仅仅用来完成惊艳的视觉创意，更常用在日常的工作处理中，比如如何让这个产品在场景中的光线更加合理自然，如何让这个场景更符合产品的情景设定（图2-3）。

③ 电商中工作体量较大的页面类设计，例如详情页、承接页、大促页面等等，都是通过PS来完成的（图2-4）。

④ 手绘类的作品不受素材的限制，表现风格多样，更有视觉冲击力。对一些有卡通IP形象的品牌、国风类的设

图2-3　PS合成

计，表现更为友好（图2-5）。

图2-4　PS页面设计

图2-5　PS手绘海报❶

很多工作不会限制具体用某一种软件完成，比如图2-2既可以拍摄出来用PS后期精修完成，也可以直接在三维软件里面渲染出接近精修后效果图的样子。我们不要执迷于一定要使用某种软件完成某项工作，熟悉并掌握自己擅长的软件，提高自己的工作效率，让作品更加优秀才是结果。

## 2.2　Cinema 4D 软件在电商设计中的应用

电商的视觉迭代非常快，当人们看惯了平面的作品就开始追求三维对视觉的刺激。Cinema 4D（C4D）从最初用于一些活动页面的场景搭建，到现在已经延伸到产品建模，以及产品的动态视频表现。C4D得以快速应用并被市场接受，原因一是卓越的表现力，二是较高的性价比（图2-6）。

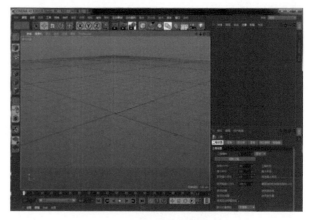

图2-6　C4D软件界面截图

如图2-7所示的猫抓板海报，通过摄影也可以实现这样的效果，但是摄影前期需要搭景、制作道具，漂浮的效果表现还需要借助钓线的悬挂，或者多次拍摄不同的物体，再后期进行合成，如果实拍，前期置景的工作量是不少的。

---

❶ 图片中的繁体字是设计师为了视觉效果使用的，仅作为设计参考，全书同。

而放在三维软件里面，主要的工作内容就变成了产品的建模渲染，没有物料的消耗。当然好的渲染效果对三维设计师的技术要求也是很高的。

图2-8这个案例是天猫官微的一张开屏图，用了三维的视觉表现。C4D里面有很多模型预置，就像PS中的形状工具，这些软件自带的素材也可以为后期工作带来极大的便捷。

图2-7　**产品建模与产品渲染**　　　　　图2-8　**天猫官微开屏图三维视觉表现**

三维这么厉害，还需要摄影吗？

优秀的三维建模渲染能力已经可以媲美摄影（静物类型），甚至可以超越摄影。摄影也有一些三维无可替代的部分，比如人物类的表达。在选择是用三维效果还是摄影效果时，首先要考虑到的是效果成本和时间成本。也就是说项目要达到某一个标准，哪种方式更经济？哪种方式更迅速？对电商这种效率和执行力都要求极高的行业，合适的才是最好的。

## 2.3 ┃ AI 软件在电商设计中的应用

AI全称Illustrator，是一款矢量编辑软件，Illustrator具有绘图流畅的特点，广泛应用于卡通形象、logo和插画等的绘制和设计（图2-9）。在电商里，多用于一些logo、包装、售后服务卡或需要印刷的周边设计。

图2-9　**logo设计和插画设计**

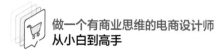
相比较其他的平面设计岗位，
AI在电商设计领域应用不是太多。
因为大多数电商的设计内容都不需
要打印输出，AI在合成方面又不那
么友好，所以在电商设计领域使用
AI的频率较低（图2-10）。

图2-10　AI软件界面截图

## 2.4 | 选取设计软件时要考虑的因素

### 2.4.1　位图和矢量图

PS和AI这两个软件虽然都是用于图像处理，但是主要用途是不同的。PS主要处理位图，即点阵图像；AI主要处理矢量图。

位图图像也被称为点阵图像或栅格图像，是由称作像素（图片元素）的单个点组成的，可以有效地表现阴影和颜色的细节层次，它与分辨率有关。

矢量图也称为面向对象的图像或绘图图像，在数学上定义为一系列由线连接的点，以几何图形居多，它的特点是调大后图像不会失真，和分辨率无关，多用来做图形设计、文字设计和版式设计等。

> 提示
>
> 位图和矢量图最大区别在于，矢量图不受分辨率的影响，放大后图像也不会模糊，而位图放大后图像会模糊。

### 2.4.2　分辨率

我们常说的分辨率分别是指屏幕分辨率和图像分辨率。

屏幕分辨率是指纵横向上的像素点数，显示分辨率就是屏幕上显示的像素个数，分辨率1920×1080的意思是水平方向含有像素数为1920个，垂直方向像素数1080个。屏幕尺寸一样的情况下，分辨率越高，显示效果就越精细、越细腻。

图像分辨率是指在设计中，我们设置的画布分辨率，这个通常与后期输出设备有关系。电商设计中因为大部分图像输出后都只在互联网或者媒介上展示，通常分辨率都会设置成设备的显示分辨率，比如电脑端的首页海报一般是1920×（500～1080）。

### 2.4.3 RGB与CMYK

RGB色彩模式是工业界的一种颜色标准，是通过红（R）、绿（G）、蓝（B)三个颜色通道的变化以及它们相互之间的叠加来得到各式各样的颜色的。RGB是代表红、绿、蓝三个通道的颜色，这个标准几乎包括了人类视力所能感知的所有颜色，是电脑、手机、投影、电视等屏幕显示的最佳色彩模式。

CMYK是彩色印刷时采用的一种套色模式，利用色料的三原色混色原理，加上黑色油墨，共计四种颜色混合叠加，形成"全彩印刷"。四种标准颜色是：C（Cyan）=青色，又称为"天蓝色"或是"湛蓝"；M（Magenta）=品红色，又称为"洋红色"；Y（Yellow）=黄色；K（blacK）=黑色。

印刷中所有彩色图片都必须是CMYK模式，而不能是RGB模式，因为RGB模式可能显示出无法印刷的颜色，在设计时和印刷上产生严重误导。在PS拾色器中选色，如果当前颜色超出了CMYK系统的色域范围，就会有色域警告框弹出来（图2-11）。

图2-11　色域警告框

---

实例 | **用 C4D 和 AI 制作 3D 字体**

本实例我们用C4D和AI两种软件完成立体文字的制作，图2-12是3D字体案例效果。

图2-12　3D字体案例效果

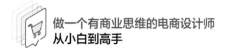
**步骤拆解**

① 首先打开AI界面，输入你想制作的文字内容，例如字母M（图2-13）。之所以在AI里面做文字，是为了方便后期导出矢量格式的图形。

② 输入你想制作的文字内容后，点击鼠标左键选择文本，点击鼠标右键执行创建轮廓命令，创建文字的外轮廓（图2-14）。

③ Cinema 4D R19对于高版本的Illustrator文件兼容性较低。执行文件储存命令，另存为AI格式，等待一段时间弹出图2-15窗口，选择Illustrator 8进行保存。

图2-13　输入文字内容

图2-14　创建文字的外轮廓

图2-15　文件的储存

④ 将文件导入Cinema 4D R19，此时AI路径变成了Cinema 4D R19的样条（图2-16）。

⑤ 对样条执行挤压命令，每一个样条放入挤压命令的层级下方，将样条线挤出为立方体文字（图2-17）。

图2-16　导入文件

图2-17　挤压样条

⑥ 选取挤压生成器，在封顶选项卡里，修改顶端和末端，类型改为圆角封顶，步幅都为20，半径为1cm，模型就有了一个圆润的倒角（图2-18）。

⑦ 选择基本几何体搭建文字场景效果图，增加分段与旋转分段，使基本几何体更加圆润（图2-19）。

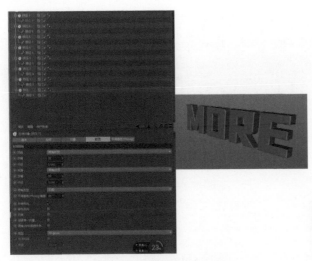

图2-18　模型的圆角处理

图2-19　设置对象属性

⑧ 选取整体颜色搭配（图2-20），材质选择OC渲染器的光泽材质，粗糙度改为0.1。完成设置后查看整体效果（图2-21）。

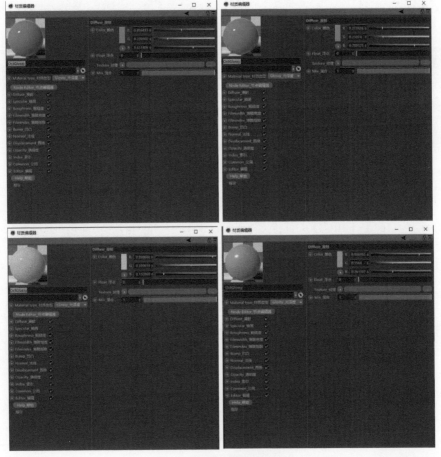

图2-20　色彩搭配与材质设置

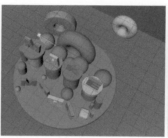

图2-21　**整体效果**

⑨ 背景材质选择OC渲染器的光泽材质，添加渐变，更改渐变两头颜色，其余参数为默认（图2-22）。

图2-22　**渐变颜色效果**

⑩ 在OC渲染器的设置中，找到摄像机成像，更改镜头滤镜为Gold_100CD，其余设置默认（图2-23）。

提示

　　可以更改核心内最大采样值：采样值越大，画面越清晰，渲染时间越长。

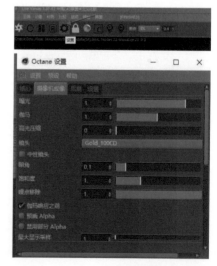

图2-23　**设置滤镜**

⑪ 添加OC的HDR环境光，导入hdr图，更改灯光位置，旋转X轴到 – 0.2，旋转Y轴到 – 0.1，增加HDR功率到12（图2-24）。

⑫ 更改渲染设置，将渲染器改为OC渲染器，调整输出宽度与高度大小为 1280 × 720（图2-25）。

图2-24　设置灯光

图2-25　设置渲染器

⑬ 添加OC摄像机，调整画面角度，在对象级别下更改焦距为150（图2-26）。

⑭ 点击渲染到图片查看器，点击进行渲染（图2-27）。

图2-26　设置画面角度和焦距

图2-27　图片的渲染

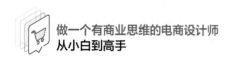

⑮ 渲染完成后选择文件，选择另存为，将图片保存成你需要的文件格式并保存在相应的文件位置，一张简单的3D文字效果图就做好了（图2-28）。

图2-28　3D文字渲染效果

# 第3章　电商的平面设计基础

笔者接触过很多设计师，发现有专业基础的设计师与后期进入行业的设计师即科班与非科班是有比较明显的差别的。

一般情况下，没有专业基础的设计师前期进步很快，尤其在软件操作上表现更加优秀，大概工作2年后就开始出现作品输出质量不稳定、忽好忽坏的情况。

出现这种现象的一部分原因是非科班的学生基本功不扎实，大多非科班的学生是直接从攻破软件进入这个行业的，没有系统的美术基础。

对于非科班的设计师，或者专业知识不扎实的设计工作从业者，平面设计中的版式设计是基础中的基础，是一定要下苦功夫的。

## 3.1 | 版式设计基础

平面设计中的版式设计是视觉设计的基础，也是视觉设计的核心。如果把一幅完整的设计比作一个人，那么版式就是骨骼，技法就是血肉，版式作为骨骼支撑版面，在设计中有着不可取代的作用。

我们在开始一项设计的时候应该先确认版式结构，再确认画面的色彩填充和技法表现。

正确的设计思路：信息梳理—分清信息层级—版式设计—设计内容填充。

### 3.1.1 排版的意义

版式设计作为视觉传达的一种重要形式，好的版式设计可以更好地传达作者想要传达的信息，加强信息传达的效果，并增强可读性，使经过排版设计的内容更加醒目和美观。

著名设计师罗宾·威廉姆斯（Robin Williams)在他的《写给大家看的设计书》中总结了4个排版应遵循的原则，分别是对比、重复、对齐、亲密原则。掌握这四个原则对设计师来说会更容易让版面看起来更专业，也更易读。

电商的图片往往内容比较多，有文案、商品、模特、背景、logo，等等。文案部分又有卖点文案和促销信息，如果没有一个好的排版，往往会使图片主次信息不明确，甚至出现"牛皮癣"广告。

**（1）对比的作用**

图3-1分别是无对比、无层次的排版效果（左），以及主次对比、更直观的排版效果（右）范例。

图3-1　**是否使用对比排版设计效果对比**

**（2）重复的作用**

图3-2分别是未用重复原则杂乱无章的排版（左）和使用重复原则版面简洁美观的排版（右）对比范例。

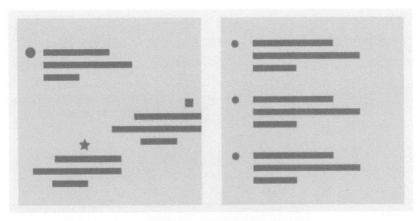

图3-2　**是否使用重复排版设计效果对比**

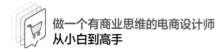
### （3）对齐的作用

常见的对齐方式有：左对齐、居中对齐、右对齐、顶对齐（图3-3）。对齐排列的物体有一种让人感觉舒适安心的秩序美，在各种环境下会产生相应的正面感受，例如清爽、专业等。

图3-3　常见的对齐方式

在对齐的物体中寻找东西也比较容易。对齐排列不仅使视觉元素井然有序，减轻观众阅读观看时的视觉负担，而且使版面显得干净整洁。

顶对齐：所有图层以顶部像素为准，进行对齐。

居中对齐：所有图层以自身水平中心像素为准，进行对齐。

图3-4　对齐排版调整前后的效果对比

垂直居中对齐：所有图层以自身垂直中心像素为准，进行对齐。

底对齐：所有图层以底部像素为准，进行对齐。

左对齐：所有图层以左边像素为准，进行对齐。

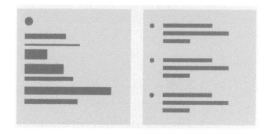

图3-5　亲密排版前后设计效果对比

右对齐：所有图层以右边像素为准，进行对齐。

图3-4是对齐调整前（左）和对齐调整后（右）版面效果对比范例。

### （4）亲密的作用

图3-5分别是相关信息无关联性，显得杂乱（左）和信息分组、版面整洁易读（右）两种版面对比效果范例。

我们再举个例子：

比如图3-6所示这张常见的海报（Banner），左侧标题部分排版拥挤，虽然有意识地用文字粗细区分了文案层级和信息，但是排版仍有问题。

图3-6　排版修改前

我们首先将主要信息提炼为"赶走暗沉，一片拥有樱花肌"，这是主要的卖点功能描述。将文案信息按照内容层级分别整理，选择左对齐的方式，调整并注意信息间的亲密关系。画面的最后，笔者加了一些日文做装饰，主标题的字体选择了衬线体，强化产品的特点（图3-7）。

图3-7　排版修改后

### 3.1.2　版式设计中的三大基本元素

点线面是几何学中的概念，是平面空间的基本元素。点线面是相对而言的，不是绝对的，就像冷色和暖色的概念，也是相对而言的。一般来说，点、线、面在画面中起到的作用如下。

① 点：活跃画面，营造动静对比。

② 线：引导观者的视线，拉开画面的层次。

③ 面：画面中的主体。

#### （1）点

① 点的定义。在平面设计中，点是最小的构成单位，是设计中最小的元素。元素越小越成点，越大越成面，点是视觉的中心，也是力的中心。

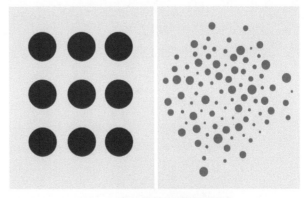

比如图3-8的两张图，点作为画面的主要元素，由于大小、形态、位置不同，所产生的视觉效果和给观者带来的心理感受都是不同的，左边让人感觉规律有序，而右边则给人不确定、不规律的感觉。

图3-8　点元素的运用效果对比

② 不同形态点的特征。图3-9是电商平面设计中常见的不同状态的点。

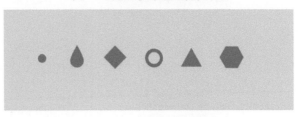

图3-9　不同状态的点

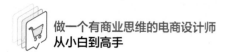
圆形：常代表圆润圆滑的，饱满，浑厚有力量。

方形：常代表稳重、端庄、踏实。

三角形或菱形：常代表有指向性的，在感情上是偏倚的。

（2）线

① 线的定义。在平面设计中，如果点是静止的，那么线就是它的运动轨迹。它具有位置、长度、宽度、方向、形状和性格等属性。

点的移动轨迹形成了线。线可以分成实线、虚线、隐形

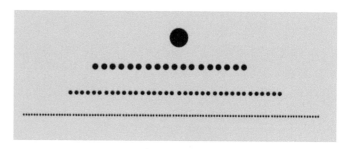

图3-10　**虚线**

的线。虚线是由一系列被放在一起的点构成的，看起来就像是连成一条线（图3-10）。

② 线的特征。线的形态非常多样，有弯曲的、笔直的、硬边的、柔边的、实线、虚线、粗线与细线、深线与浅线等。

竖直线：明确、刚毅、延伸、有力度。其中粗竖直线多用来表达崇高、升华、信心，视觉上给人硬朗的感觉；细竖直线多用来表达挺拔、秀气，视觉上给人细致的感觉。

水平线代表稳定、祥和、尊贵、平静、端庄。

斜线代表动势、冲击、运动、方向感，营造动感的氛围。

（3）面

① 面的定义。线连续移动至终结形成面。一个面就是一个大的点，它的外轮廓即形状，面有长度、宽度，没有厚度。当两个或者两个以上的面在平面空间中同时出现时，它们会形成多种多样的构成关系，主要有以下几种：分离、相遇、覆盖、透叠、减缺、差叠、相融、重叠等（图3-11）。

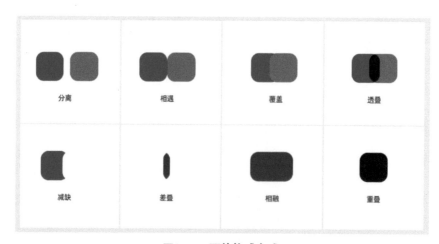

图3-11　**面的构成方式**

② 面的特征。面的形态是多种多样的，不同形态的面在画面中传达的情感特征也是不同的。

方形的面，具有稳定性和秩序感。倾斜的面，具有斜线表现的动感、速度。曲线的面，具有柔软、有趣的特征。

### 3.1.3　点线面的运用

点线面在一幅完整的设计作品中是相辅相成的，是设计重组的应用。排版中除了要解决点线面的基本协调关系，还要注意排版应遵循的基本原则。如果画面中缺少元素就会显得空洞、不协调。

图3-12是只有主题元素和加入点元素、线元素的对比效果范例。

### 3.1.4　标题文字排版

运用点、线、面元素进行标题文字排版，不仅仅适用于完整的画面，日常工作中常见的标题设计也可以利用点线面的设计技巧设计出更有设计感的版式。

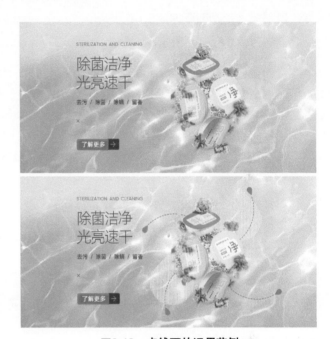

图3-12　**点线面的运用范例**

以图3-13的文字内容为例，介绍标题文字排版设计的方法。

加油干饭人
干饭人的干饭魂
2021.2.20—2021.4.20

图3-13　**文字内容**

**设计步骤**

① 先将文字内容按照层级主次关系进行排列（图3-14）。

加油干饭人
干饭人的干饭魂
2021.2.20—2021.4.20

图3-14　**排列文字**

② 主要文字内容"加油干饭人"占据大面积篇幅，形成排版中的"面"，然后将英文变形置于标题上方，就形成了弯曲的"线"（图3-15）。

③ 将标题的内容补充完整后，我们可以增加标

图3-15　文字变形　　　　　　　图3-16　点缀标题

题的趣味和耐读性，加上碗的图案和英文字符做点缀，作为版式中的点。这样一个简单的标题中也会有点线面（图3-16）。

同样的思路，我们可以再换一种风格进行尝试。还是先将主要的标题内容"加油干饭人"排列出来，排列的时候注意大小对比关系，让大的"面"也有一点节奏的变化（图3-17）。

再来将其他的文案补齐，小字内容在这个版式中作为"点"和"线"的元素（图3-18）。

所有信息排版完成以后观察版式，感觉有些"干"，我们可以再给标题增加一些灵动的氛围，用颜色鲜艳的英文"come on"点缀，一是形成颜色的对比，二是给版式增加趣味。还可以配合标题文案风格，加入一些墨迹，让整个版式看起来更有意思（图3-19）。

图3-17　尝试不同风格的排版　　　图3-18　补齐文案　　　图3-19　增加点缀

标题部分的排版是电商设计中常见的一类工作，其内容少，排版起来相对简单，又可以锻炼对版面的控制能力，版式方面薄弱的同学可以从标题类的排版练习中加强排版的能力。

### 3.1.5　字体设计及搭配运用

在设计和选择字体前，我们要先想明白这幅画面中文字的功能是什么，是简单地传播信息，还是需要强调某一项内容，或是营造一些氛围。作为信息的载体，文字最重要的功能是供人阅读和传播信息，除了这个功能外，文字本身的形态也能塑造力量和情感。

图3-20是仅有阅读功能的文字和能传递情感的文字的运用范例。

文本具有可读性是信息传递的重要前提。当读者可以从你的画面中提取到文本的信息并且可以做出相应的理解后，你的设计才具备最基本的意义。

不同的字体可读性差异很大，有些字体，即便读者在很近的距离阅读依然难以辨别；相反，有些字体，即便读者站得很远，周围阅读环境很差，依然清晰可见（图3-21）。

图3-20　**字体运用范例** 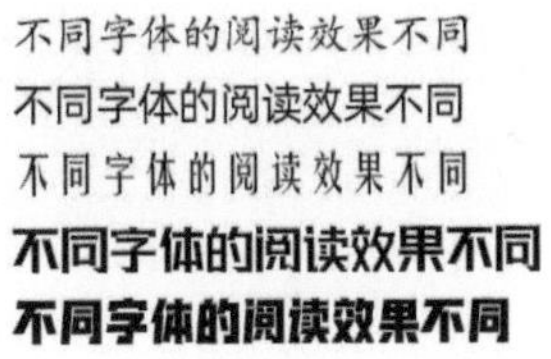　　　　　图3-21　**不同字体的文字对比**

想想影响文字可读性的因素：

① 字体；

② 文字的大小和粗细；

③ 文字的颜色与背景的对比；

④ 字间距和行间距；

⑤ 文字的排版布局。

**（1）字体不同**

同样的内容，因为选择的字体不同，文案内容的阅读效果不同（图3-22）。

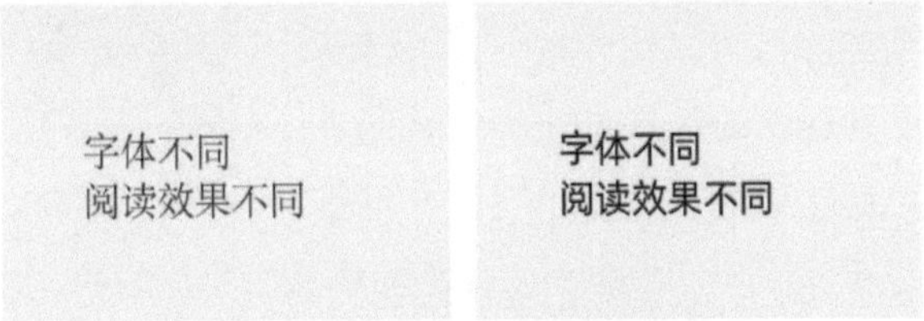

图3-22　**不同字体辨识度的对比**

**（2）文字的大小和粗细不同**

同样的内容，字体的大小和形状不同，文案内容的阅读效果不同（图3-23）。

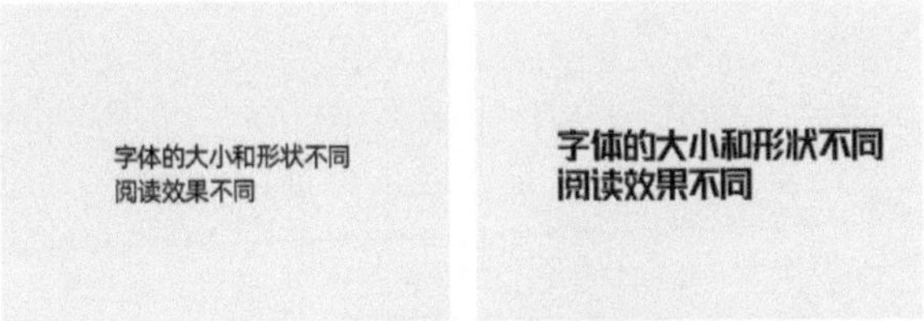

图3-23　**字体大小和形状的对比**

**（3）文字的颜色与背景的对比**

同样的内容，文字的颜色和背景不同，文案内容的阅读效果不同（图3-24）。

笔者把每种字体都比喻成一个独立的人，它们具有各自的形象、特征。它们有的不挑

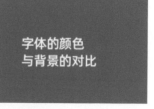

图3-24　**字体颜色和背景的对比**

场合，穿着百搭（比如黑体），有的活泼热闹（比如手写体），有的却庄重、严肃、不苟言笑（比如粗宋体）……有些是常用字体，有些是非常用字体，通常来说，字体越不常用，它的使用情景就越有限。

### 3.1.6　字体的类型

字体可分为三类：衬线体、非衬线体、其他字体。

**（1）衬线体**

衬线体大家肯定都不陌生，特点是在笔画开始和结束的地方有衬线来装饰，这类字体以宋体为主（见图3-25）。最早的衬线体是古罗马时期石碑上刻画出来的，别名为"罗马体"的字体。这种字体兼具传统感与易读性，经常用于标题和正文。衬线体又分为类似手写的旧体（old style，传统而有底蕴）和比例工整的现代体（modern style，现代和时尚感强一些）。

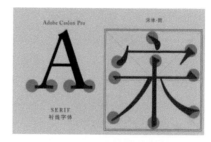

图3-25　**衬线体字体效果**

**（2）非衬线体**

没有衬线的字体，也就是末端没有装饰的字体，又称为无衬线体，和中文的黑体比较类似。无衬线体的出现，是为了更加吸引观者的注意。非衬线体是在板状衬线体的基础上演变过来的，随后又发展出纤细的无衬线体（图3-26）。

图3-26　**非衬线体字体效果**

通常文章的正文使用的是易读性较强的衬线字体，这可增加文章的易读性。长时间阅读时因为读者会以字为单位来阅读，衬线字体使人不容易感到疲倦。而标题、表格内用字则常采用较醒目的非衬线字体。因为这些内容需要显著、醒目，且读者不必长时间盯着这些字来阅读。像DM（快讯商品广告）、海报类，为求醒目，它的短篇的段落也会采用非衬线字体。但在书籍、报刊中，正文有相当篇幅的情形下，多是采用衬线字体来减轻读者阅读上的负担。

无衬线字体由于其所具备的技术感和理性气质，更受科技型企业或品牌青睐，比如华为的logo（见图3-27）。

图3-27　**华为的logo字体**

而衬线字体的优雅与复古，则常用于时尚品牌，比如我们熟悉的一些时尚品牌（图3-28）。

正确使用字体，可以为你的设计增色不少，甚至有时它会超越图形、色彩元素，占据主导作用。

### （3）其他字体

其他字体例如哥特体、手写体、综艺体、楷书、行书、隶书等等都会有特定的使用场景，这类字体特征比较明显，风格独特，通用性不强。

图3-28　衬线字体时尚品牌运用

在实际设计工作中，我们可以通过不同字体的不同粗细搭配让设计作品看起来更和谐。

### 3.1.7　不同字体的性格和搭配

不同的字体有不同的性格，能传递出不同的情感。合适的字体风格与画面搭配协调，还会让画面的氛围更容易感染到用户。相反，不合适的字体风格，不仅会破坏画面的协调性，还会让你的设计看起来"不专业""很新手"。

在设计的过程中，我们应当注意以下几个问题。

#### （1）限制字体数量

一个版面中的字体不宜过多，不论信息量有多少，字体的选择应尽量控制在2～3种，这样已经足以满足画面的需要。即使字体不变，也可以通过改变文字的大小、粗细、颜色或者装饰手法达到区分主次、引导阅读的目的。字体的类型越少，设计人员对画面的文字信息编排布局就越容易把握。

#### （2）建立视觉层次

在一个版面中，包含了不同层次的信息内容，需要按照主次进行区分，即按照信息层级划分，每个信息层级也会有重点信息和非重点信息。

在进行字体搭配时，通过改变字体大小、粗细、颜色等方式来配合展现，可以帮助读者避免视觉上的混乱，同时给版面带来阅读的层次感。

#### （3）风格气质统一

不同字体会有各自的风格特征，它们传达出来的感情也是不相同的。使用同一字族里的字体，是最简单、安全的搭配方法（图3-29）。

图3-29　同一字族里的不同字体

提示

字族即font family，是一款字体下的多个子字体，如思源黑体和思源宋体字族从细到粗共有7款字体，风格协调统一。

**（4）根据活动氛围搭配**

图3-30所示为一张电商海报。在电商平台大促期间为了营造活动氛围，设计师在设计海报时往往会弱化产品的品牌调性，字体为了迎合活动风格，选择了书法体。这类字体笔画比较宽厚，笔触变化大，易引起注意，画面会更加有张力。

**（5）根据产品特征搭配**

图3-31所示是一个详情页中的两张截图，产品是比较有地方特色的土特产：温州卤鸭舌。为了营造文化感和历史氛围，海报中用了比较厚重的书法体。但是书法体又不宜作正文或者说明性的文字，太小的字号会识别困难，所以用了风格比较搭配的宋体来作说明部分的小文字。

**（6）根据用户群体搭配**

图3-32是一张儿童图书的Banner，因为是儿童类目，画面风格会比较活泼，不那么严肃，所以字体也选择了比较轻松的风格来搭配画面。

图3-30　具有活动氛围的电商海报

图3-31　特色产品的详情页截图

图3-32　儿童图书Banner

### 3.1.8　版式设计中的层次

版式中的层次是为了更好地传递信息，在版式编排的过程中，我们用到最多的四个方法就是对比、重复、对齐、亲密原则。

我们在进行版式设计时可以通过以下方法使版面更有层次。

（1）分组

在一段文字信息里，我们需要根据不同的需求，按照信息的种类、重要性或者用途等进行分组，最好将相关联的信息放在一起（图3-33）。

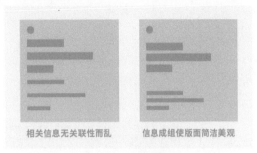

相关信息无关联性而乱　　信息成组使版面简洁美观

图3-33　**文字分组**

（2）留白

这里的留白指的是信息之间的空间间隙。在人们的思维中，离得越近的两个对象的关系越亲密；越远则越生疏，越没有关系，所以通常根据信息的关联和主次关系决定它们的距离。

不同组类之间的信息要注意留白区分（图3-34）。

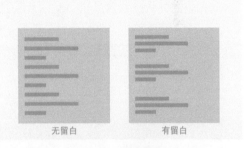

无留白　　　　　　有留白

图3-34　**文字留白**

（3）对比

在排版的过程中经常通过字体的大小、粗细去区分不同层级或者不同的重要信息，比如大标题、小标题、内文等等。把重要的信息放大，次要信息则要缩小处理，就形成了大小对比。这样做的好处是可以减少次要信息对重要信息的干扰，使之更容易被接受；大小对比还能使版面的层次更丰富，让受众更有细节可看（图3-35）。

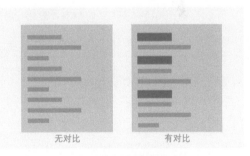

无对比　　　　　　有对比

图3-35　**文字对比**

除了以上这些，我们还应该注意版面的统一性。电商的页面通常很长，为了保持页面风格的前后统一，在开始设计之前，我们就需要考虑清楚整体的设计风格是怎样的，产品的表现风格是怎样的，包括字体的选择都要考虑进去。新手在做设计的时候常常容易忽略这个问题。版面失去统一的风格调性后，就会影响作品的整体表现，画面会显得凌乱。

## 技巧 1 | 字体的下载与安装方法

软件中的字体是跟随系统变化的，因此只要在电脑中添加新字体，就会同步到软件里。这里以PS为例，首先打开C盘中的Fonts文件夹（图3-36）。

这个文件夹里存放了电脑中的所有字体，我们把需要添加的字体文件复制到这个文件夹内，字体会自动安装。打开PS，可以看到，新字体已经成功添加（图3-37）。

图3-36  打开文件夹　　　　　　图3-37  字体安装

## 技巧 2 | 如何高效查找字体

不同的厂商每隔一段时间就会更新不同的字体，我们不能像专业的字体采集工作者一样每天花大量时间去关注字库的更新，甚至花费很多精力在确认字体是否可以商用的版权问题上，这里推荐给大家两个常用的字体查找软件，安装字体后就可以完美地在软件中使用，而且是否可商用还一目了然。

（1）字由

字由是为设计师量身定做的一款字体下载管理工具。这里收集了国内外上千款精选字体，不仅让你轻松、自由、高效地使用字体，还为你展示了每款字体的详细信息和精选的字体文章，是设计师工作的好帮手（图3-38）。

（2）字魂

字体查找方面跟字由的客户端功能类似，这两种软件选择一个适合自己的即可（图3-39）。

图3-38 字由

图3-39 字魂

## 3.2 ┃ 色彩的基础知识

色彩即颜色。我们大脑接收一个物体的颜色，是从色相、纯度（饱和度）、明度，这三个方面去判断的。在设计工作中，色彩的选择和使用是非常重要的，因为不同的颜色能传递出不同的风格、不同的气质，从而影响消费者对我们设计作品的感受。

在电商工作里面，不同的产品需要不同的颜色，来传递不同的产品特质。比如同样是食品海报，火锅、零食类的海报我们需要用相对温暖、诱惑力和食欲感很强的颜色来烘托产品；若是生鲜类海报，我们则需要用大面积冷色调来表达产品的新鲜。

### 3.2.1 色彩的基本属性

色彩的三个属性分别为色相（Hue）、明度（Brightness）、饱和度（Saturation）（图3-40）。

图3-40 色彩的三个属性

### （1）色相

色相是色彩的最大特征，是色彩的相貌，即色彩的名字。如红、橙、黄、绿、青、蓝、紫等。通常色相环由12色、20色、24色、40色等色相组成。在色相环上处于正相相对的位置上的色彩称为互补色（如红色与绿色、蓝色与橙色、黄色与紫色），两个颜色在色环上相距角度在120°左右的色相称为对比色，彼此相邻的颜色叫相邻色（图3-41）。

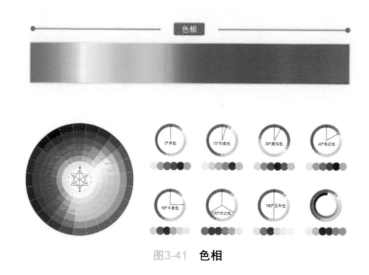

图3-41　**色相**

### （2）纯度

纯度指色彩的纯净程度、饱和程度，又称彩度、饱和度、鲜艳度、含灰度等。原色的纯度最高。纯净程度越高，色彩越纯。当一种色彩加入黑、白或其他颜色时，纯度就产生变化。加入其他色越多，纯度越低（图3-42）。

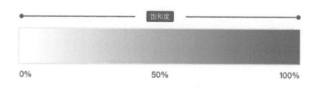

图3-42　**纯度**

### （3）明度

明度指色彩的明暗、深浅程度，也称光度。

色彩的明度有两种情况：一是同一种色相的明度，因光源的强弱会产生不同的变化。而同一色相如加上不同比例的黑色或白色混合后，明度也产生变化。第二种情况是，各种不同色相的明度不同，每一种纯色都有与其相对的明度。在色彩中常以黑白之间的差别作为参考依据。简单来说，明度越低越接近黑色，明度越高越接近白色，可以理解为明度越高，加入的白色越多（图3-43）。

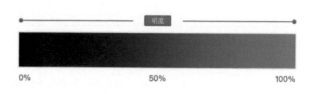

图3-43　**明度**

### （4）有彩色和无彩色

无彩色是指黑色、白色、灰色，这三种颜色没有色相属性和纯度属性，有彩色是指黑白灰三色之外的所有颜色。

### （5）色调

色调是指画面中色彩的颜色倾向，是最大的色彩效果。比如我们看到不同颜色的物体在一个环境色的影响下会呈现出统一的色调，例如夕阳下的物体仿佛被橘红色笼罩，夜晚下的物体仿佛都隐隐发蓝。色彩的感觉很多时候是由外部环境色的色调来决定的，色调一致，画面也会更有统一性、秩序感。

#### 3.2.2　色彩心理学

商业设计的本质是研究人，研究人性，研究人们的消费习惯，研究人们的心理特征。作为一个成熟的商业设计师，仅有精湛的设计技能是不够的，必须要足够了解人、了解人性。

每一种色彩都有其代表的含义和联想，色彩本身就具有文化象征意义。作为设计师，有必要了解必要的色彩心理学，以便更好地使用色彩去激起消费者的情绪反应。

色彩心理学对于设计师是一门非常重要的学科。每种颜色都有自己的气质，可以传达出不同的视觉感受，如白色纯洁，红色热烈，黑色严肃……节日中，圣诞节红绿金，情人节红粉……时间上，春天绿色，冬天蓝白……

但色彩心理学不是一门绝对的科学，色彩心理还受个人认知的影响。我们还应在遵从传统常规的同时不断突破。

#### （1）红色：热情、强烈、能量

使用红色是引起用户注意的有效方法。红色可以用来表现强大的功能和能量，常用于电商需要营造活动氛围的设计中。在渲染氛围制作大促气氛的时候，红色系是不挑产品的。将产品本身的颜色与红色搭配，可以让用户感受到强烈的促销氛围（图3-44）。

图3-44　**红色**

#### （2）橙色：活力、温暖、兴奋

橙色与红色的颜色性格较为接近，但相对红色来说橙色显得更易平衡、更加友善。橙色在食品类的设计中可以增加食欲感和画面的诱惑力。但长时间、大面积的橙色会给人带来烦躁的视觉感受（图3-45）。

图3-45　**橙色**

#### （3）黄色：活力、欢乐、复杂

黄色是最容易被看到的颜色，象征着活力、创意，但是黄色明度较高，缺乏稳重的感觉，过多的黄色可能会带来负面的反应。黄色在电商中常用于一些年轻或者有设计感的表现中（图3-46）。

图3-46　**黄色**

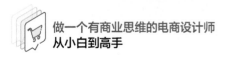
**（4）蓝色：平静、信任、悲伤**

蓝色是受很多人喜爱的颜色，它能给人带来平静的感觉。但是，蓝色也与悲伤相关联，在设计过程中要注意颜色调和。蓝色在电商设计中一般不会单独出现，会与点缀色或对比色一起使用（图3-47）。

图3-47　蓝色

**（5）绿色：自然、平衡、和谐**

绿色比大多数其他颜色具有更多正能量，非常适合与大自然有关的产品，绿色还可以提升受众的阅读感受。绿色常用于农产品、护肤品等产品的设计中（图3-48）。

图3-48　绿色

**（6）紫色：神秘、智慧、魅力**

紫色是最难区分且自然界最少见的颜色。难区分是因为它总会有一些色彩偏向，比如偏蓝或者偏红。紫色在电商设计中使用是非常高频的，除了一些电子3C类目对它情有独钟，它在大促页面中也会频繁地出现（图3-49）。

图3-49　紫色

**（7）粉色：浪漫、幸福、温柔**

粉色是与女性息息相关的颜色，性别属性非常强烈。对目标受众主要为年轻女性的产品，粉色是相对有效的选择（图3-50）。

图3-50　粉色

**（8）棕色：舒适、时尚、孤独**

棕色通常给人淳朴、自然的感觉，但有时候看起来会显得单调乏味。棕色的层次感很强，通常在和时尚相关的设计中使用，色彩属性比较中性（图3-51）。

图3-51　棕色

**（9）黑色：严肃、传统、现代**

黑色是无彩色，也是经典色，使用不限场景和风格，可以用作主色，也可以作为调和色使用。大面积的黑色会让人感觉压抑（图3-52）。

图3-52　黑色

**（10）灰色：正式、中性、专业**

灰色代表中性和中立。经典的黑白灰都具有百搭、经典的特性，灰色的时尚感更强烈一些（图3-53）。

色彩能感染人的情绪，是一种无声的语言。一位优秀的设计师，往往能利用人们的色彩心理，设计出令人震撼的作品。

图3-53　灰色

下面介绍人们的色彩心理。

① 色彩的冷暖。色彩的冷暖是一种人对色彩的直接感受，不同颜色的光的波长（色相）是不同的，紫光波长最短，红光波长最长，长波系列的色彩有温暖的感觉。除了冷暖对比比较强烈的颜色之外，还有一些颜色（比如黄色、棕色、绿色）在色彩的冷暖感受上比较模糊。这些色彩有人认为是暖色，也有人认为是冷色，我们不妨把它们归于中性色，毕竟色彩的冷暖是相对的（图3-54）。

图3-54　**色彩的冷暖**

这些中性色在设计过程中，适用于对男女用户人群包容性较高的产品中，它对性别包容性较高，通常这类颜色设计感也较强。

② 色彩的重量。这里的重量跟我们生活中常说的重量不是一个概念，更多的是一种感受。通常来讲，色彩的重量跟颜色的明度有关，明度较高的颜色（如白色）给人比较轻的感觉，明度较低的颜色（比如黑色）给人较重的感觉。

除了明度之外，色彩的重量感还跟物体表面的粗糙度和材料的质感有关，通常光滑的物体会显得轻，粗糙的物体会显得更重。

③ 色彩的知觉通感。波长长的暖色光、光度强的色光对眼睛成像的作用力比较强，从而使视网膜接收这类色光时产生扩散性，造成成像的边缘出现模糊带，产生膨胀感。

④ 色彩的味觉。色彩的味觉是基于生活经验联想而产生的。比如我们看到柠檬的黄色会觉得酸；看到草莓的红色会觉得甜。

⑤ 色彩的触觉。色彩与触觉的通感源自人们对物质表面肌理的认知，色彩与肌理混合成不同的触觉感：红色的触觉，坚定而温暖；蓝色，像海洋和天空一样包容。再比如，我们看到白色会联想到奶油，想到云朵，然后再感受到它软软的触感。

⑥ 色彩的听觉。抽象绘画的先驱——康定斯基指出，我们不仅能从音乐中"听见"颜色，也能从"色彩"中看到声音。

比如黄色具有一种特殊能力，可以越升越高，达到眼睛和精神无法忍受的高度，就像越吹越响的小喇叭会变得越来越刺耳。

蓝色则具备完全相反的能力，会"降"到无限深，就像大提琴能演奏越来越低的音色。

⑦ 色彩的嗅觉。关于嗅觉的联想更依赖人们的生活经验和感官经验的积累。就比如我们看到花时，会觉得它是香的，我们看到垃圾成堆时，会觉得它是臭的。

根据试验心理学报告，通常红、黄等暖色会让人感觉到有香味，偏冷的浊色系容易让人感到腐败的臭味。

⑧ 色彩的象征。色彩对于不同的国家和民族，意义和象征性也是不同的。比如红色，在中国是喜庆、热情的象征，但是在有的国家却象征着暴动与鲜血。再比如黄色，在中国是个吉利和富贵的颜色，古时有"黄道吉日"的说法，在古代黄色是皇室才能穿着的

颜色。但是在有的国家，黄色却是懦弱和胆小的象征。

### 3.2.3　色彩和光源的关系

#### （1）固有色

固有色即物体本身的颜色。是指在光源条件下物体占主导地位的色彩，如红色的罐子、绿色的植物等。物体的固有色并不存在，在绘画过程中为了观察方便经常引入"固有色"这一概念。从实际方面来看，即使日光也是在不停地变化中，何况任何物体的色彩不仅受到直射光的影响，还会受到周围环境中各种反射光的影响。所以物体色并不是固定不变的（图3-55）。

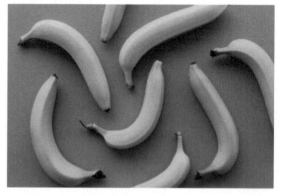

图3-55　固有色

#### （2）光源色

只有在光源的照亮下才能观察到物体的色彩。光源有自然光和人造光（灯），这些光源都各自具有不同的颜色。太阳光和普通灯光是偏黄的暖色光，月光是偏青的冷色光，阴天则多是蓝灰色的天然光。光源的颜色对物体的颜色影响很大，想象一下一个置于红色光源照射下的蓝色物体会是什么颜色呢？比如图3-56的水泥路面本是水泥本色，夜晚灯光照射后就变成了灯光的颜色。

图3-56　光源色

#### （3）环境色

物体表面受到光照后，除吸收一定的光外，也会把光反射到周围的物体上。尤其是光滑的物体，其表面具有强烈的反射作用。环境色的存在和变化，加强了画面中物体相互之间的色彩呼应和联系，能够微妙地表现出物体的质感，也大大丰富了画面中的色彩（图3-57）。

### 3.2.4　经典配色

商业设计师跟艺术家不同，配色的时候要考虑到品牌的调性、用户的认可度和接受程度，有效地传递信息才是最重要的。所以在设计工作中，配色并不是越有个人特色或者越艺术

图3-57　环境色

越好，如何协调并把画面氛围精准地传递出去才是重点。

　　新手在设计中经常习惯于使用自己擅长的颜色，而忽略掉画面颜色与需要传递气氛的匹配性，不同的行业有不同适配的颜色，在工作中一定要抛开自己主观的喜好，站在品牌和信息传播的角度上思考。

　　以下是电商设计中一些经典的常用配色。

　　**（1）蓝紫配色：活动氛围强，科技感强**

　　这个配色在电商各种大促活动及节日时非常常见，是常用的氛围色。也因为这种颜色经常在各大节日出现在人们面前，看到这个配色，我们已经下意识地会感觉店铺在促销。同时这个颜色属性自带科技感，是数码产品常用的色系（图3-58）。

图3-58　**蓝紫配色应用效果**

　　**（2）黑金配色：奢华、神秘、高级感**

　　黑金是一组非常经典的色彩组合，神秘的黑色加上高贵的金色，可以创造出来不同的视觉体验。黑色占比多时，画面会增加神秘感；金色比重变多时，高贵、富有的感觉就更多一些。这是一组比较挑质感的配色，质感会给画面带来更多的加分项（图3-59）。

　　**（3）黄黑配色：节奏感明确、明亮、醒目**

　　因为黑色是无彩色，所以在色彩配比方面比较宽松，无论黄色占比多少都不会很违和，是比较常用，且不易出错的配色（图3-60）。

图3-59　**黑金配色应用效果**

图3-60　**黄黑配色应用效果**

　　**（4）单色配色：协调**

　　色相一致的配色会给人一种很协调的感觉。单色配色对颜色没有过多的要求，选择同色系不同明度的颜色搭配，整体更和谐。常用的单色系搭配有：红色系、绿色系、蓝色

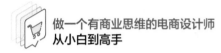

系、紫色系。当配色单调时，可以用无彩色（黑色和白色）来进行颜色调和（图3-61）。

### （5）莫兰迪系配色：温柔、高级

通俗来说就是没那么鲜艳，有点灰蒙蒙感觉的颜色。因为加入了一定比例的灰色，或者说颜色饱和度降低，看起来很温柔，也很高级。

这种色系因为饱和度不高，颜色互相对比不强烈，所以各种颜色放在一起都比较柔和，冲突感不强，单色、双色、多色使用都没有问题（图3-62）。

图3-61　单色配色应用效果　　　　　图3-62　莫兰迪系配色应用

每种色彩都会给人不同的心理感受，相较色彩浓烈情绪饱满的用色，传递情绪少的颜色更能给观者治愈的能量。所以除了减少使用颜色的数量，降低色彩的饱和度或者多使用不明确色相的颜色都能削减色彩对人情绪的影响，起到提升作品高级感的效果。此外使用黑白灰或者单色，也容易降低色彩本身对人情绪的影响，营造高级感。

## 技巧 3 ｜ 如何根据产品搭配颜色

良好的颜色驾驭能力，除了应具备基本的色彩知识，也跟大量的练习和个人工作经验有关。那么，在做设计的过程中，我们应该如何选择颜色呢？

### （1）选择跟主体色相一致的配色

简单理解就是，如果产品是蓝色，那配色也选用蓝色系，或者跟蓝色相近的邻近色，这种形式的配色给人的视觉感受是更协调。

图3-63　同色系配色应用范例

图3-63中，每两个颜色之间虽然都是同色系，但是看起来并不让人感觉到单调。在色相不变的前提下，我们对明度和纯度进行调整，就得到了这个结果。

图3-64　对比色系配色应用范例

**（2）选择跟产品主体色对比强烈的颜色**

这里利用了对比色的色彩原理，产品色与背景色对比强，视觉上冲击力更强，更能突出主体。

图3-64在主体是紫色的情况下，背景色用了大面积的黄色形成对比。常见的三组对比色是：红绿、蓝橙、黄紫。需要注意的是，对比色用起来不太容易调和，对配色要求比较高，所以在使用对比色时，常用调和纯度和面积的方法中和较刺眼的配色。

色彩本身就带有明度的特性，即使在数值上调整到明度一致，人们在视觉上仍然会感觉到不同，比如黄色和蓝色，我们会感觉蓝色比黄色的明度低。

**（3）借鉴配色**

借鉴配色是找到与目标产品相似风格的图片，借鉴它的配色。找到匹配的素材是非常关键的，颜色要适合目标产品。如果找到的参考素材本身视觉一般，那这个方法执行出来效果就不会太好。

**（4）与设计风格匹配**

设计风格是由产品、品牌、活动主题、创意等元素决定的，在选择画面配色的时候，画面的基调要和产品或者想要表达的氛围一致。比如新年氛围，常见的搭配就是以红色为主色，再加上黄色、金色等颜色为辅的组合。

**（5）主色、辅助色的搭配**

主色是指在画面中占主导地位的颜色，它可以决定我们整个画面的基调。那么要想决定主色，就要先想清楚画面要表达的内容是什么，要传递出的情感是怎样的，产品属于什么调性，再选出适合画面的颜色。

辅助色一般伴随着主色出现。当画面中需要不止一种颜色时，就可以用辅助色与主色进行搭配。辅助色的选择基本有两种形式，一种是相近色，另一种是对比色。相近色与主色属于同一色系，同一色系搭配的画面协调柔和。辅助色选择主色的对比色则是为了与主色拉开距离，形成对比，从而产生更多的层次感。

---

**实例** ┃ **制作一个简约的版式**

本案例分享如何用简单的点线面制作一张电商海报。图3-65是案例效果图。

图3-65　案例效果图

步骤拆解

① 首先填充纯色背景色块，颜色数值为#e8ded5，这里新建图层，然后填充颜色，可以使用前景色填充，前景色选取颜色数值#e8ded5（前景色填充快捷键为Alt+Dellete），见图3-66。

② 因为产品主体不够突出，所以我们采用色块叠加的设计方式。这里用矩形工具画出圆角矩形，然后设置圆角矩形的属性，圆角两端的弧度调整为数值180，这样就变成如图3-67所示的圆角矩形色块。

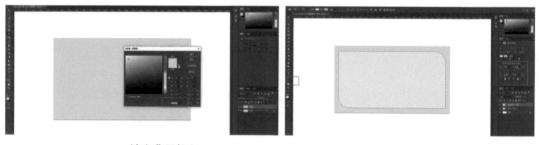

图3-66　填充背景颜色　　　　　　　　　　　　　　图3-67　色块叠加

③ 把产品主体眼镜放入画面中，我们排版方式选择左右构图，把产品放在右侧（见图3-68）。

④ 画出产品的阴影让产品更有空间感，用多边形套索工具选择出眼镜的选区（见图3-69）。

图3-68　将产品放入画面　　　　　　　　　　　図3-69　选区

⑤ 复制眼镜图层（快捷键为ctrl+J），然后使用自由变换工具（快捷键为ctrl+T），选择垂直翻转得到如图3-70的效果。

⑥ 此时的眼镜阴影是比较像实物的，我们需要眼镜阴影看起来更真实。我们给眼镜阴影图层添加图层蒙版，选择下方添加图层蒙版的按钮，然后用黑色画笔进行擦除，同时降低图层不透明度，就得到如图3-71的阴影了。

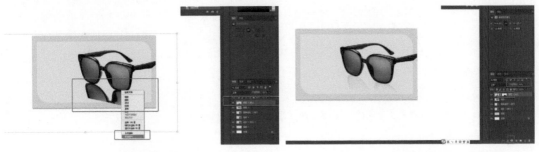

图3-70　**垂直翻转后的效果**　　　　　图3-71　**处理后的阴影效果**

⑦ 放入文案进行排版，这里我们选择左右排版的方式，同时加入点缀色，让画面看起来更活跃、更有氛围感（图3-72）。

⑧ 这一步完成后，我们发现现在的排版虽然已经符合电商排版属性，但是感觉画面还比较空，文案显得比较碎。我们添加描边的英文字作为背景装饰，使整体更加连贯，画面感受更强，我们选择poppins粗一点的字体，设置文字填充为0，不透明度为43%，得到如图3-73的效果。

图3-72　**放入文案**　　　　　　　图3-73　**添加装饰**

⑨ 此时页面还不是很丰富，再添加一个背景色块作为装饰背景，用矩形选框工具绘制出矩形，然后填充青灰色色块（颜色色值为#bdbcbc），完成（图3-74）。

图3-74　**完成效果**

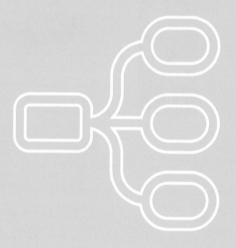

- 第二部分 -

# 电商设计的
# 整体思维

电商设计要有整体思维。从整体到部分，要强调整体定位，还要做到整体和部分的和谐统一。

# 第4章 电商设计的品牌意识

## 4.1 建立品牌意识

品牌意识也叫品牌知名度，是指品牌在消费者记忆中留下的印象。一般品牌意识越强，消费者在选购产品时越会想到该品牌，能够促进购买该品牌的可能性。

### 4.1.1 为什么要做品牌

希腊神话有个人物西西弗斯，触犯了诸神，诸神为了惩罚西西弗斯，便要求他把一块巨石推上山顶。而由于那巨石太重了，每每未上山顶就又滚下山去，前功尽弃，于是西西弗斯就不断重复、永无止境地做这件事——诸神认为再也没有比进行这种无效无望的劳动更为严厉的惩罚了。西西弗斯的生命就在这样无效又无望的劳作当中慢慢消耗殆尽。

我们可以把"爆款"产品比喻成巨石，打造爆款产品就如同推巨石上山。因为是"爆款"，产品的生命周期比较短。你打造一个爆款之后，就如推了这块巨石上山，待爆款的生命周期消耗殆尽，你又要重新推巨石上山。而打造品牌与打造爆款的区别就是：品牌是一种可持续性的经营方式。

### 4.1.2 品牌需求的设计类型

不同的品牌在不同的发展阶段有不同的适配性设计，根据不同的阶段，笔者将品牌需求的设计类型分为以下几种。

① 价格引导型的。主要从价格、性价比着手，来体现产品的价格优势。一般是针对下沉市场用户，或者一些关注度不太高的品类。

② 功能引导型的。主要从产品的卖点、功能着手，重点体现产品功能的强大和实用。这种表现常见于标品，因为产品同质化程度高，竞争大，所以产品的卖点和功能都被挖得非常深。

③ 情感引导型的。从用户的使用情景做痛点挖掘，更加有针对性地适配这一类用户的需求，让消费者产生共鸣，可以更好地挖掘潜在需求。

④ 宣传品牌主张型的。从品牌主张出发的设计，一般该品牌已经具有相当的品牌影响力，并拥有一定数量的忠实用户，不断地加深这部分用户对品牌的印象，可以使这部分用户对品牌更有忠诚度。

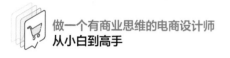

> **提 示**
>
> 在经济学中，刚需，即刚性需求，指的是在商品供求关系中受价格影响较小的需求。我们也可以理解成，在某种情况下，人不得不需要某个东西或行为去解决某个问题，或者达到某个目标，否则就会造成一定的后果。这里的"某个东西或者行为"就是刚需。浅需是指可能对某一部分产品有消费的需求。

### 4.1.3 品牌设计的底层逻辑

想要了解品牌设计的底层逻辑，就要先了解品牌的作用。那么品牌究竟有什么用呢？品牌是为企业服务的，而企业最终追求的目标是销售。品牌能为企业带来持续的销售。品牌对销售的作用主要有：增强识别性去同质化；增加信用背书，坚定客户的选择；创造溢价，让你的产品卖得更贵。

那我们该如何去做品牌设计呢？

① 去同质化，即差异化。同质化（Homogenization），就是产品在消费者选择购买过程中由于其功能性利益与竞争产品相同，可以被竞争对手所替代，竞争对手的产品就成为该产品的替代性产品，该产品和竞争产品就形成了产品同质化。

现在是一个物资极其丰富的年代，有那么多企业都经营着同一个类目，商品高度重合，差异化可以让你的产品更快、更好地让消费者记住。比如百事可乐和可口可乐，相似的饮料，在宣传的时候，首先通过颜色进行区分，一个红色，一个蓝色，另外，可口可乐的广告主打亲情，百事可乐的广告主要通过超级大明星热歌劲舞的形式表现，可以看出两个品牌的主张是完全不一样的。

市场竞争越来越激烈，企业就需要利用品牌带来差异化，建立自己的识别体系，实现去同质化。

一般的品牌识别符号有：品牌的名称、品牌的logo、品牌的颜色、品牌的图案、品牌的包装、品牌的吉祥物等等。比如，星巴克的人鱼头像、肯德基的老爷爷、LV的老花，蒂芙尼的蓝色，爱马仕的橘色……

② 信用背书。信用背书可以理解为，通过借助权威人士或者品牌或者高价值的东西（汽车、房子等）来增强产品的可信度；还可以理解为通过在社交网络中塑造良好形象，提升产品的口碑（通常能够转化成点击率/流量/销量)。

③ 创造溢价。品牌溢价即品牌的附加值。简单来说，消费者愿意花高于成本几倍甚至几十倍的价格买他们认为值得的产品，这就是品牌溢价的魅力。有数据显示，我国消费者愿意为自己常购买的品牌支付平均2.5%的溢价。在发达国家，消费者愿意为品牌支付的溢价可达20%甚至更高。

品牌里面有个利益系统，也就是电商设计强调的卖点，我们要告诉消费者，这个产品到底有什么优点，能给消费者带来什么益处。

### 4.1.4 好的品牌设计是什么样的?

从视觉的角度来看,好的品牌设计会有一个持续的品牌形象输出,视觉体系是统一的。品牌需要通过设计来营造一种形象或是一种印象。好的品牌设计会给消费者留下更深的印象,降低消费者的信任成本,同时也更易于传播,优化消费者的购物体验。那如何搭建一个品牌的视觉系统呢? 主要是从符号、颜色、情绪上来体现。

① 符号系统。一个好的品牌符号,是可以简化品牌信息,放大其核心特征的,同时也要易传播,有差异化。符号系统不单单只是一个logo,只要是能传递出视觉印象信息的统统都能称为符号(图4-1)。

图4-1 品牌符号系统

② 颜色。严格地说颜色也是符号系统中的一员,但对于人们的视觉印象来说,颜色给人们的记忆带来的影响要超过其他符号,它能最先让人们形成对一个陌生事物的简单认知,就比如图4-2中三个APP。

图4-2 APP给人们的视觉印象

③ 意义/情绪。一个品牌想要赢得人们的认同,它必须在人们的生活中扮演某种角色,在人们的心目中代表某种生活观念、情感、价值观。

## 4.2 | 品牌 logo 设计

logo无处不在,生活中常见的logo在我们的手机、日用品、服装上都有体现。logo不仅是其他文字语言无法替代的,对于品牌或店铺来说,是象征性的标识,而且在消费者的心目中也有着重要地位。

### 4.2.1 品牌与logo的关系

logo是商标logotype的缩写,属于美术作品,受著作权法保护。品牌是给拥有者带来溢价、产生增值的一种无形的资产。

logo是品牌的一种视觉符号，是一个公司想要被人直观感受到的具象化图形，而品牌则是为用户创造出一个整体上的感知体验。品牌和logo之间存在交集，但两者的侧重点不同。

设计好一款logo，设计师不仅要有扎实的设计技法，还要充分了解品牌方的诉求，周全地考虑到各种物料的应用标准。

### 4.2.2　logo常见类型及趋势

logo常见类型，除了常见的字体logo，还有一些常见的组合形式：图形组合、字母+图形、实物形态、中文字体、英文字体、植物、动物、人物等。

图4-3所示为图形+文字类logo范例。

图4-3　logo设计范例

### 4.2.3　logo设计原则

设计logo时应该遵循五个原则：简约、易记忆、不易过时、通用性强、与品牌匹配。

① 简约。简约的logo更便于被识别和认可，相对于复杂的logo而言，简约的logo更加耐看，并且容易记忆和传播。

② 易记忆。一个有效的logo应该是过目难忘的，这是通过一个简单而又适当的logo来实现的。在实际工作中，设计logo的时候也是以解决独特、难忘和清晰的问题为主。

③ 不易过时。好的logo应该是可以经得起时间考验的，品牌的发展和视觉元素的流行，会让一些很有时代特征的元素带有年代的味道。而好的设计师则会结合趋势的演变，做出更加符合品牌发展和审美趋势的设计，让logo看起来更不容易"过时"。

④ 通用性强。logo应该能够在各种媒介和应用中保持通用性。logo应该是便于制作的，比如太细的笔画和图案在一些物料上的应用就很难实现。因此，设计师在设计logo时应充分考虑到后期的应用和相关的物料延展，以确保logo可以缩放到任何大小。

⑤ 与品牌匹配。logo的气质应与品牌的气质相吻合，比如，一款女性用品，其logo的特征应该是趋于女性化的，如果边角设计得太过锐利，风格过于凌厉就不太适合。著名设计师Paul Rand说过：标志应该是不言自明的，只有与产品、服务、业务或公司有联系，标志才具有真正的意义。

### 4.2.4　logo设计常用方法

logo设计有很多种方法，这里总结了常用的方法，希望能够给大家提供帮助。

#### （1）具象手法

具象的logo选择题材的时候，要尽可能地采用人们普遍熟悉的元素来进行创造，以此为基础创造有个性的成分，熟悉的元素更能引起人们共鸣，让人们产生深刻的记忆。这类具象手法比较考验设计师的手绘能力，有美术基础的设计师能更好地表现这一类型的logo（图4-4）。

图4-4　为慧理设计的
海狮先生吉祥物

（2）首字母创意法

这是logo创意手法中最常用到的一种，不管是中文还是外文都可以取其首字母进行加工创造，表现手法非常简单却很特别，有很强的视觉表现力。所以好的logo应该是在看似简约时尚的外表下却可以完全传达它品牌背后的信息，通过高端的视觉表现方式，将企业想表达的内容传递给消费者（图4-5）。

图4-5　首字母创意范例

（3）象征手法

一般采用与表达内容有某种联系的事物、图形、元素或者颜色进行创意，以比喻形容的方式表达抽象的内涵，最常见的就是鸽子代表和平，小树苗代表成长，绿色代表健康，等等。所以这类logo设计前需要对品牌背后的含义进行了解、分类，然后进行归纳总结，再提取有代表性的象征元素进行logo设计（图4-6）。

图4-6　象征手法应用范例

（4）抽象表现法

这种类型的logo通常用在那些没有明显特征元素或象征事物的企业品牌，也有可能一些企业要求logo用来表现企业的气质时通常会用到这类方法。它只适用于多元化的企业，比如企业的业务方向比较广，并不仅仅是局限在某一类时，我们会用到这种手法。这类的logo传达出的是情绪和基调，并非公司类型，因为logo有时候并不一定要直接体现公司的业务范畴，越是大型的公司，它们的企业logo越抽象（图4-7）。

图4-7　抽象表现法应用范例

（5）全名组合法

这是一种很常见的手法，直接使用品牌名称设计成为企业logo，尤其在近几年内，这样的logo越来越流行，这样的手法可以很直接地强化消费者对品牌的认知，而且这样的logo设计一般在注册时不会遇到麻烦，因为很少会出现重复的现象。

图4-8是logo的设计及其在包装中的应用范例。

图4-8　全名组合法应用范例

**（6）经营内容捕捉创意形象**

这是很直接的一种手法，直接从品牌经营内容中取得元素进行构建，logo的表现可以直入主题，形象生动（图4-9）。这类logo一般适用于专项经营的品牌，元素的选取很方便，难点在于表现形式和手法，这类logo比较考验设计师功力。

图4-9　经营内容捕捉创意形象设计范例

**（7）地域文化捕捉创意形象**

这类logo带有明显的地域特点和文化特征，一般根据民俗文化和有地方特点的景色、人物、代表事物演变而成。创造出极富个性和人文思想的logo，对于品牌调性的提高效果极佳。但这类logo设计很难，因为首先要深入地了解地方文化和特色，其次就是要艺术地表现出来。需要设计师有极强的艺术品位和表现能力，所以一般高端设计师采用的都是这类手法，但在通常的logo设计中，这类手法并不常见。

**（8）几何手法**

根据平面设计形态构成原理，将标志设计的表现形式打造为几何图形，这类手法适用范围很广，且因为造型简洁，远距离识别度很好（图4-10）。

图4-10　专门救助流浪猫的圆手公益

**（9）正负空间手法**

这是logo设计中常见的一种手法，它会使作品整体显得巧妙和机智，但比较考验设计师的空间感觉和表达能力（图4-11）。

**（10）徽章设计手法**

这类logo多应用于组织机构，通过象征的图形和名称字体进行结合而成。这类设计给人感觉硬朗有气概，比较适合男性品牌或学校logo（图4-12）。

图4-11　龙马精神使用黑马与龙的结合

**（11）立体手法**

立体手法是一种以平面表达体现空间效果的方式，根据不同的表现方式和着眼点，logo可以呈现不同角度的空间感（图4-13）。

图4-12　保定容大中学校徽

图4-13　一个充满魔力综合体的魔力公园logo

### 4.2.5　logo配色技巧

logo的造型和字体搭配合适的颜色，可以与消费者营造出一种联系。有些设计师设计logo的颜色是按自己的喜好来进行选择的，这样很容易传递错误的消息。对于色彩而言，它在一定的情况下可以影响到消费者的购买欲望，特别是招贴广告和营销活动场景当中的色彩可以改变消费者的购买动机。这里对颜色的分析参考前面章节讲过的色彩心理学。

（1）颜色搭配原则

① 二八原则，主色调占整体比例的80%，每一个设计都有主题。

② 20%是副色，能与主色呼应，形成对比。

（2）选择颜色要注意的地方

① 符合品牌特征。

② 对目标消费群有感染力。

③ 与竞争对手不同。

④ 让产品或服务有意义。

## 4.3 设计要从品牌出发

设计营销物料时，设计师要从品牌的角度出发。接到一个设计需要时，设计师首先要更深入地理解需求，再结合品牌特点，而不是只看文案呈现出来的内容。如果拿到需求不进行全面的分析，就盲目地开始设计，那我们做的设计就会只停留在对需求字面意思的表现上，比如"母亲节大促"可能就会设计成非常热闹的促销氛围，但现实是我们可能需要传递出一种温馨的情感画面；母亲节又会有新手妈妈、年轻妈妈、中年妈妈、老年妈妈不同的节日氛围表现手法。所以，更全面地了解需求，将需求与品牌结合，是设计的重要步骤。

不同风格的电商设计作品的视觉表现风格、手法都不同，从运营角度思考是需要传递出来的情绪不同，海报应用的平台属性以及目的都不同。设计最终是要将诉求点传递到用户的心中去，如果前期没有充分地沟通、了解需求，那后面就会因为理解的偏差做出不太符合要求的设计。

充分了解需求后，再从需求中深挖需要聚焦并传达给用户的信息。深挖需求和构思主要从以下几个方面考虑。

（1）产品的利益点

产品的利益点主要是指产品的功能、价格、促销信息等等。不同商品、不同品牌的利益点都是不同的，同一商品在不同的促销活动中利益点也是不同的，这个主要看活动要传递的中心思想是什么。比如同一商品在不同的销售渠道中，其主要的利益点可能是"折扣"也有可能是"售后服务"。

（2）情感共鸣

情感共鸣，在设计中是指通过对用户情感诉求的分析和表达来获得用户的认同。情感的表达方式有亲情、友情、爱情和自我情绪的表达，通过情感的关联，渲染产品、画面，

最终通过情感诉求让用户产生共鸣，是用特定的情感来打动客户，让他们感性购买。

### （3）促销氛围

电商是一个节日非常多的行业，节日的特点是会对某一类目的产品销售带来直接的影响，比如父亲节、母亲节，就会使中老年服装、保健品的销量显著提升，这也属于情感消费的一类范畴。利用各种极具代入感的节日氛围使用户身临其境，也会在某种程度上引导他们消费。

设计中的促销定位见表4-1。

表4-1　设计中的促销定位

| 促销的层次 | 影响的因素 |
| --- | --- |
| 价格为主 | 低价 |
| 功能为主 | 价格、功能 |
| 情感为主 | 价格、功能、质量、社交关系 |
| 地位为主 | 高价、高溢价、功能、质量、社会地位、身份地位 |
| 品牌为主 | 价格、功能、质量、社会地位、身份地位、品牌主张 |

### （4）品牌调性

品牌调性是基于品牌的外在表现而形成的市场印象，从品牌人格化的模式来说，等同于人的性格，通俗点说就是消费者对品牌的看法或感觉。

如果设计脱离品牌调性，就会偏离最基本的主题。消费者对一些他们熟知的品牌是有认知的，轻易改变品牌的视觉调性、视觉标签会让消费者觉得陌生、迟疑下单。

不同的需求会有不同的出发点、构思和解决方案。诉求点一定要和活动、品牌所处的阶段相匹配。假如某一产品还处在功能阶段，那么用情感化的解决方式就不合理；反之，若是品牌各方面铺垫基础已经很好，那么再强调功能一是会变得无用，二是还会降低用户的认同感。

## 技巧 ｜ logo 配色技巧

### （1）同色相配色
色相相同、亮度不同、饱和度不同。这种配色方式的特点是整体感强，容易搭配。

### （2）近似色配色
邻近色相的色彩组合。亮度、饱和度可以不同。

### （3）中间色相配色
色相稍微不同的色彩组合。亮度、饱和度可以不同。

（4）**对比色相配色**

色相环中位置相对的色彩组合。使用色调淡的对比色会显得不自然，应尽量避免。

（5）**分离对比色搭配**

色相差别很大的色彩组合。饱和度较高的对比色会显得不自然，应尽量避免。

（6）**色相的层次**

渐变色相会有一个韵律感，这些色相组合起来会
显得非常和谐。

（7）**同一色调配色**

同一色调的色彩组合对色相没有限制，会产生清
爽的效果。同色调组合时要注意的是饱和度和亮度之
间不要反差过大，保证在同一个水平线上。

（8）**对比色调配色**

用色调差别很大的色彩配色，会给人深刻的印象。

图4-14是常用色彩搭配色相环。

除了上述的颜色搭配原则，我们在设计的时候还
应该要注意：

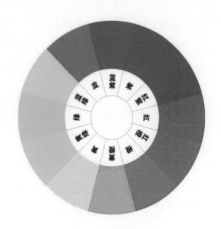

图4-14　**色相环**

① 符合品牌特征，颜色选择要符合品牌的行业属性和人群受众的特征；

② 对目标消费群有感染力，是用户有好感并且可以跟品牌产生联系的颜色；

③ 与竞争对手不同，颜色选择有差异化可以让用户更容易记得住；

④ 让产品或服务有意义，可以根据色彩心理学延伸配色，也可以从设计的创意联想
入手。

# 第5章　电商设计的卖点可视化

在兼具美观和内容表达的基础上，卖点可视化表达是考验电商设计师的功力是否深厚
的重要标准。

## 5.1 ┃ 什么是卖点可视化

可视化（Visualization）一词原是指利用计算机图形学和图像处理技术，将数据转换
成图形或图像在屏幕上显示出来，也就是将不直观的数字信息转变成直观的、以图形图像
信息表示的内容。

这个词放到电商设计里来解释，就是运营用文字语言对产品功能和卖点进行描述，设计师负责将这些文字内容翻译成一种"视觉语言"，让消费者可以通过更容易的阅读方式来理解产品，这个过程就是将产品的卖点可视化。

我们在电商里讲的卖点通常是指：商品具有的功能、特色等。做电商设计，就跟卖点脱不了关系，因为我们无法直接跟消费者面对面进行介绍，而是需要借助互联网传播、需要借助图片的表现来告诉消费者产品的卖点是什么。

**除了依靠后期设计来实现卖点可视化，还有一种常用的手法是"情感化表达"。**情感化表达通常是通过对产品使用环境的分析，以及用户人群在特定环境下产生的一些困扰，制造一些需求点来获得用户的情感共鸣。

比如我们要拍摄一款望远镜的详情，其中有一个卖点是小巧便携，那么通过对产品的了解，我们得知了这个产品的收纳场景主要是放在兜里或者装在背包里。接下来我们就根据产品的使用场景、使用展示进行了卖点策划。拍摄方案和完成效果如下（图5-1）。

图5-1　望远镜卖点策划和卖点表现

比如我们要拍摄一款小白鞋清洗剂，其中有一个卖点是清洁效果的对比，那么通过对产品的了解，我们明确了这个卖点需要展示的内容，这个需要前期拍摄产品加上后期进行合成辅助。现场拍摄时，根据草图创意拍摄了鞋子和对应的产品，泡沫的形态是后期通过三维渲染再合成到画面上去的（图5-2）。

风扇可360°旋转，空气净化器可净化空气，消毒器能杀死病毒，等等，都无法通过直接拍摄图片展示出来。然而电商的消费引导恰恰是通过图片。因此设计师通过图片对产品卖点功能的表达，能直接帮助买家"看图理解"，体会到这种摸不着的产品

图5-2　小白鞋清洗剂卖点策划和卖点表现

功能。

好的卖点表达不仅可以使产品的功能一目了然，而且可以利用设计手段为产品加分，更进一步地提高转化率所有访问这个产品页面的消费者中，最终能转化为成交客户的比例。转化率是所有电商设计师都要关注研究的一个数据，通过对比数据，可以反馈出产品的成交比例高还是低，继而再通过对其他部分的分析来优化自己的设计。

在进行卖点的可视化设计前，要先对产品有充分的了解和思考。首先需要跟运营或者产品经理进行沟通，把产品的功能卖点都罗列出来；然后再去了解同类竞品，找到差异化和痛点。如果能拿到产品试用一下是更好的方法，因为设计中需要有自己的真实感受，这样才会更容易把产品卖点表现得淋漓尽致。

## 5.2 ｜ 如何形成卖点表达的思维

锻炼思考的习惯非常重要，因为形成了自己的逻辑思维能力，才可以在不同的设计需求中，快速找到适合的设计方案，电商设计师才能更好地培养自己用设计解决问题的能力，这种能力主要在工作经验里积累。

笔者将思考的过程拆分为以下几步：

① 了解产品功能；

② 思考功能表现的形态；

③ 模拟功能表现；

④ 检查画面是否可以表现出产品卖点。

比如要表现一款电视机的屏幕防蓝光功能，第一，要了解产品功能，了解的内容包括：蓝光是什么？为什么要防蓝光？这项技术有什么厉害之处？第二，思考功能的表现形态，蓝光怎么表现？怎样做出阻止这束光、过滤掉这束光的效果？第三，软件的实操阶段，这个过程可以去翻看大量竞品的表现，也可以去查看跟蓝光这一卖点相关的产品，比如"防蓝光的手机膜""防紫外线的防晒霜"，这些类目的相似功能表现都可以为我们带来灵感。第四，做完画面的设计后，一定要反复检查，作为设计师容易沉迷在画面的技能表现力，有时候可能表现过猛，导致产品被设计元素掩盖，主次颠倒。

除了要在工作中积累大量实战案例，还要养成主动分析优秀案例的习惯。因为每个人工作的类目都不同，很难了解所有的类目表现，但是在设计工作中我们往往需要大量地吸收各种卖点的表现作为经验、灵感累积，这也是很多人的问题"我怎么想不到这样做"，因为看得少，思考得少。

下面实例为卖点可视化的拆解。

## 实例 1 | 空气净化器产品图设计中的卖点思维

### （1）分析产品需求

这是一款可以挥发香氛的车载净化器。如果我们只放置一个产品在画面里，大家可能不知道它是怎么运作的，以及它的作用是什么。所以通过对产品的了解，我们需要设计一个画面表达产品有一个缓慢释放香氛的过程。

图5-3是车载净化器添加卖点表现效果前和添加卖点表现效果后的产品图对比范例。

图5-3　车载净化器添加卖点表现前后对比

### （2）正确判断表达方式

接着是对"缓慢释放""香氛"这些关键词的联想，可以想到有关气体的设计表达方式。那么对于"香氛"的表达，可以直接排除"飓风""大风"这种强烈的感受，选择了柔和、飘逸的表达方式，如同吹拂枝条的轻柔的风的效果（图5-4）。

通过对产品造型的分析和与客户的沟通，得知这款产品的购买人群是25～35岁且男性居多。所以要将画面的风格设定在这一类人群容易接受的风格。

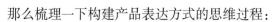

图5-4　表达轻柔的风

那么梳理一下构建产品表达方式的思维过程：

分析产品功能—明确购买人群—场景化表达—设计实现。

### （3）发散思维建立自己的知识储备

通过对车载净化器这个产品的解读，我们可以发散思维进行联想，找到与其有关联的产品，比如：汽车用品、电器、香水、空气清新剂。那么与之相似的设计有以下4种效果参考，依次是香水、空调、风扇、空气清新剂（图5-5）。

图5-5　产品图例

通过搜索大量相关联的产品，了解一些常用的、成熟的表达方式，然后建立自己的素材库。从大部分产品的基础表达上再进行升级优化，就很容易设计出更符合自己产品的表达方式。

---

**实例 2 ┃ 婴儿车产品图设计中的卖点思维**

### （1）分析产品需求

这是一款婴儿车，它的遮阳篷处采用了双层的面料。针对这一特点，客户希望在产品图中能表达出这个产品具有防晒遮阳，防止宝宝皮肤被晒伤的功能。

图5-6是婴儿车添加卖点表现效果前和添加卖点表现效果后的产品图对比范例。

### （2）正确判断表达方式

通过对产品功能的阅读理解，首先想到了具有相同卖点的遮阳伞或是防晒霜，主要思路是通过表现产品对阳光中的紫外线过滤，从而实现防晒的功能。接着是对"防晒""紫外线"这些关键词的联想，

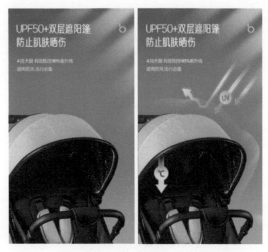

图5-6　婴儿车添加卖点表现前后的产品图对比

可以想到有关光线的设计表达方式。同时结合产品本身具有的"双层"卖点，再在产品上做一些视觉表现，强化这个结构的特殊性。

那么梳理一下构建产品表达方式的思维过程：

分析产品功能—发散思维联想—功能结合卖点表现—设计实现。

### （3）发散思维建立自己的知识储备

通过对婴儿车这个产品的遮阳篷防晒功能解读，我们可以发散思维进行联想，找到与其有关联的产品，比如遮阳伞、防晒霜等具有防晒功能的产品（图5-7）。

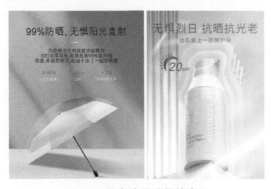

图5-7　具有防晒功能的产品

## 实例 3 | 砧板产品图设计中的卖点思维

### （1）分析产品需求

这次的主体是砧板。设计中我们需要表达因为特殊的高温晶化工艺使得产品更加坚固耐用的特点。有些产品的卖点因为描述过于专业，非常难懂，比如"高温晶化"。通过检索网上大量资料后得知，就是一种高温的工艺。

明白了大概的原理后，我们需要用视觉表现概括出来最好理解的部分，因为电商页面的浏览是非常快的，如果你做了一张看起来非常晦涩难懂的图，很容易就被忽略掉。我们要在尽量短的时间内，营造出来这个卖点所要传递的信息即可。

图5-8是砧板添加卖点表现效果前和添加卖点表现效果后的产品图对比范例。

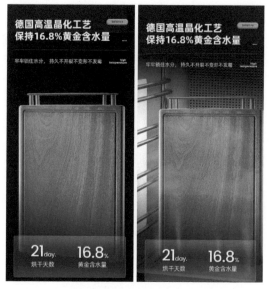

图5-8 砧板添加卖点表现前后的产品图对比

### （2）正确判断表达方式

通过对卖点文案的阅读理解，我们想到了与高温有关的熔炉和光照，除了跟高温有关的元素体现，这里还隐藏了一些科技的属性，比如文案中的"晶化工艺"，这些专业的名词给人一种很技术很高端的感觉，同时科技感的加入也会使画面看起来更"贵"，符合我们的表达方向。

那么梳理一下构建产品表达方式的思维过程：

分析产品功能—发散思维联想—功能结合卖点表现—设计实现。

### （3）发散思维建立自己的知识储备

通过表现砧板这个产品的卖点，我们可以发散思维进行联想，提取跟卖点文案有关的信息，比如高温、工艺、科技感。

## 5.3 | "风"的卖点表达

风是看不见摸不着的，而视觉可视化的设计就是尽量要把这种感受视觉化，变得可见。

需要加入"风"的产品不一定全部都是吹出来的风，可能是一缕烟、一团热气、一丝清香……这就好比一碗饭放在你面前，你如何呈现出"热饭"的感觉呢？可能最直观的做法就是加几缕烟雾，模拟热饭刚出锅时热气腾腾的感觉（图5-9）。

图5-9　热气腾腾的饭

**（1）什么情况下可以用"风"的表达**

跟"风"形态相关的元素有"烟""雾""气体"等，每一个人对它的感受太清晰了，每个人都被风吹过。卖点可视化中很重要的一个思路就是，把人人都有过的感觉再呈现出来就非常容易令人感同身受。如果你做了一个极少数人才能体会的画面，那么这个传达就是不合适的。因为产品的受众大部分都是普通人，过于小众的感觉不太容易触达到普通用户。

那么应该如何使用不同的风呢？一是要看与产品的功能表现是否贴合，二是要看产品页面整体营造的调性氛围。比如我想表达丝滑的微风感受，那么飓风显然就不合适；再比如我想通过风的加入让画面更加浪漫，那么过于凌厉的表现也不适合。

**（2）常见的利用"风"来表达的卖点**

图5-10中分别是用不同形式的"风"来表现模式不同，用不同强度的"风"来表现产品优势的范例。

图5-11分别是用"风"来表达面料透气，用"风"来表示产品运作现象的产品图范例。

图5-10　"风"的卖点表达范例1　　　　图5-11　"风"的卖点表达范例2

---

**实例 4 ┃ 用 PS 制作"风"卖点可视化**

下面通过空调的卖点可视化过程，来讲解对"风"这一类卖点的可视化表达。

## （1）产品分析

拿到产品之后先进行分析，该产品是一个立式柜机空调，图5-12是一幅做好的产品海报，但是缺了一点凉风习习的感觉，夏日使用空调跟凉爽的情景是分不开的。我们都知道空调是有风力输出的，但是这个"风"是拍摄不出来的，那么我们需要后期通过PS将这个功能描绘出来（图5-12）。

## （2）表达方式拆解

① 打开PS，导入空调海报设计稿（图5-13）。

② 用"选择工具"拉出一个矩形，填充渐变，这个渐变就是"一缕风"的雏形（图5-14）。

图5-12　立式柜机空调

图5-13　导入文件

图5-14　制作渐变

③ 点击渐变条上的小色块，调整渐变数值的颜色和透明度，然后多复制几层出来。复制出来的几层排列可以随机一点，太规律的排列会让"风"看起来有点刻意（图5-15）。

④ 按住快捷键Ctrl+T选择变形工具，调整节点，拉出风的形态（图5-16）。

图5-15　调整渐变并复制

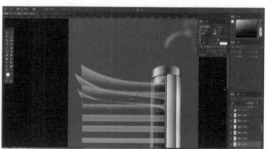

图5-16　制作风的形态

⑤ 这里为了让风的视觉效果自然一些，每一缕的形态都可以分别做出来变化，但整

体还是扩散向外的（图5-17）。

⑥ 把这些调整好的风的图层编组（快捷键是Ctrl+G），再给小组使用一个蒙版工具。用渐变或者画笔工具，擦拭出自然的由弱到强的效果（图5-18）。

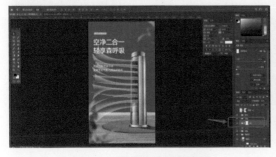

图5-17　完成风的视觉效果　　　　　　　图5-18　调整风的强弱

⑦ 可以挑选出几缕风，对它们进行加强处理。用钢笔沿着边缘描绘做出选区，再用画笔工具给边缘涂抹一点点白色。这里是为了强调几缕风的走向，有强弱对比，后期的效果会更好一点（图5-19）。

⑧ 再用橡皮擦擦除不要的部分，调整好细节（图5-20）。

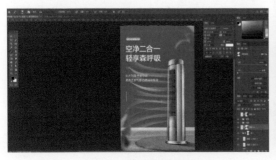

图5-19　加强强弱对比　　　　　　　　　图5-20　细节处理

⑨ 还可以模拟自然风的感觉，找一些树叶的素材，拖到图层上，添加到合适的位置。然后用模糊工具适当虚化，做出虚实对比效果即可，完成效果见图5-21。

**（3）总结与发散思维**

做"风"的手法有很多种，只要可以达到我们预期的视觉效果，不必拘泥于某一种固定技法，正确的表现思路才是重要的。

图5-21　添加"风效"前后对比

## 5.4 | "热"的卖点表达

产品中有关"热"的表达不仅限于温度高的感觉，也可能是机器在运作、温暖的感觉。常见的"热"的卖点表达有如下场景，微波炉加热、保暖衣保暖、加温杀菌、功率强劲等等。除了颜色上的暖色调，热还有一些形体特征，比如：蒸汽、高温导致的变形。

无论是"风"也好，"热"也好，我们在设计中表达时都需要借助它对产品带来的影响。想象一个人发热，是什么现象让你感觉他在发热？可能是面部通红。一杯水放在桌上，你是怎么看出来它是滚烫的？肯定是热腾腾的气体。

下面是常见的利用"热"来表达的卖点。

图5-22是用"热"来表达面料发热的范例。

图5-23是用"热"来表达产品发热的范例。

图5-22 **面料"热"的卖点表达**

图5-23 **产品"热"的卖点表达**

卖点可视化是表达产品功能的一个加分项，形象一点比喻，有点像给一个人化妆，好的妆容（卖点可视化）可以让这个人更有精神（让产品功能展示更形象）。

比如下面这个产品，这是一个智能马桶（图5-24）。这个画面是详情页中的一屏卖点内容：旋转式冲水。我们可以看到前期拍摄也想要拍出冲水的镜头，但拍摄的表现力有限，放到产品页面里就无法体现出"旋转式冲水"的感觉，那么我们就需要后期去干预这种效果，让它的表现更直观。

图5-25是我们优化过的设计，通过图片

图5-24 **智能马桶
产品图**　　图5-25 **智能马桶
设计优化**

可以直观地感受到冲水的模式，不仅水的部分做了旋转的效果，还有对应的箭头来进行表现。在设计中，我们将用户通过阅读文字再进行联想的过程，转化为用户观看图片直观感受卖点，减少他们的思考时间，也就增加了他们理解产品的效率，为后续的成交打下了更好的基础。

这样的思路我们拿到"热"这个卖点中来。图5-26是一个锅的详情页（部分），这一屏卖点主要表达耐高温的感觉，也就是我们需要把画面中的内容"做得热一些"。图5-26是添加"热"这个卖点前的设计效果。

图5-26　添加"热"的
卖点前

(思路分析)

观察图片可以看到食物在水中煮，既然有水，就先把水"加热"，水热了之后，捞上来的食物也应该是热气腾腾的。再看画面，背景层有个100℃的文字，我们也可以给文字加点氛围感。

(步骤拆解)

**（1）背景数字部分：给背景文字元素"100℃"加上热的感觉**

① 这里文字我们选择字体acrom，字体属性设置如下，字体颜色为#9a1f22，图层不透明度为20%（图5-27）。

② 这里为了达到好看的效果，100℃选用两种字体，字体属性设置如图5-28，图层不透明度为20%。

图5-27　文字颜色设置

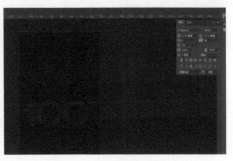

图5-28　字体属性设置

③选择两个文字图层，按住Ctrl键鼠标单击选出文字选区（图5-29）。

④然后新建图层，执行编辑—描边，描边颜色选择文字颜色，宽度设置为1像素（图5-30）。

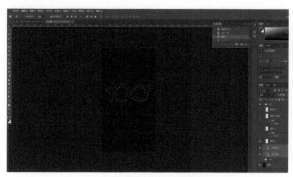

图5-29　**创建文字选区**

图5-30　**制作文字描边**

⑤ 在图层上点击鼠标右键把图层转换为智能对象，这里是为了方便修改，双击鼠标左键给图层增加图层样式"外发光"，图层模式设置为颜色减淡。参数设置如图5-31。

⑥ 再对此图层执行滤镜—模糊—高斯模糊，模糊数值设置为1.6，给图层添加图层模式"线性减淡"（图5-32）。

图5-31　**图层属性设置**

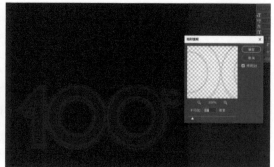

图5-32　**图层执行滤镜**

⑦ 再选取两个文字图层，执行编辑—描边，如上文中同样操作，然后单击鼠标右键转换为智能对象，双击图层增加图层样式，设置外发光参数（图5-33）。

⑧ 再对此图层执行滤镜—模糊—高斯模糊，参数设置如图5-34，图层样式也设置为颜色减淡。

图5-33　**重复文字图层制作**

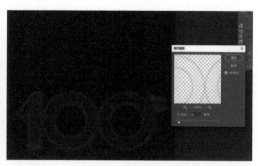

图5-34　**新图层执行滤镜**

⑨ 如上文操作，选取两个文字图层，执行编辑—描边，这里描边的颜色设置浅一些的颜色，如图5-35设置颜色为白色。

⑩ 把图层样式修改为叠加，得到如下效果（图5-36）。

图5-35　新文字图层制作描边

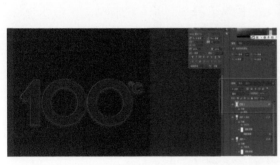

（a）

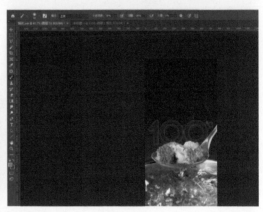

（b）

图5-36　修改新图层的样式

**（2）给前面的水和食物加上热的感觉**

① 加入雾气的效果，放入雾气的素材，素材上方可以用橡皮擦或者是蒙版擦除一下（图5-37）。

② 图层模式修改为线性减淡或绿色，图层模式这里可以试一下哪个效果更好些（图5-38）。

③ 再复制一层雾气效果移动其位置（为了让远处的雾和近处的雾拉开层次），添加图层蒙版，用黑色画笔去除多余的部分，图层模式改为滤色。

④ 最后再配合卖点的文案排版，这屏的卖点表达就完成了（图5-39）。

图5-37　添加雾气素材　图5-38　修改素材图层模式　图5-39　添加"热"的卖点后效果

**复盘分析**

虽然画面内容是一样的，但是通过对关联文案和元素的设计表达，可以更好地体现对应的卖点表现，让产品更有这个卖点的代入感，让用户更容易读懂画面信息。

## 实例 5 | 用 PS 制作 "冷" "热" 卖点可视化

图5-40是产品图和制作 "冷" "热" 卖点可视化后的效果对比。

图5-40 产品图和制作效果对比

**产品需求**

该产品是一个玻璃便携饭盒。根据产品卖点，设计详情页中的一屏，用来表达材质耐高温和耐低温这一特点。

**文案信息**

高硼硅玻璃，耐受瞬间温差。健康无铅、高透光率、高硬度、低膨胀率，耐热400℃，耐冷 - 20℃。可用于微波加热、冰箱冷藏。

**设计分析**

冷和热最容易让人联想到的就是冰与火。将冰与火安置在一个画面中制造冷暖的对比，会让产品表现更有冲击力。

**设计过程**

① 根据思路绘制草图（图5-41）。

② 草图确定完创意方向之后开始找素材。因为是冷暖两种对比色，刚开始融入画面时极大可能画面颜色不协调，这里可以暂时不管，等拼图阶段完成之后，后期统一调色。放入两张产品素材，移动放大到合适的位置，这里注意图层的位置，红色背景产品图剪切到矩形选框里面，蓝色背景的产品放到矩形选框下方（图5-42）。

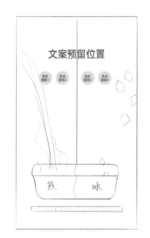

图5-41 绘制草图

③ 放入火的素材，添加图层蒙版，用蒙版工具选择黑色画笔进行擦除，擦掉不想要的部分（图5-43）。

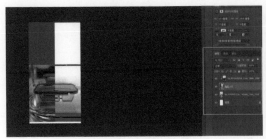

图5-42　**导入产品素材**　　　　　　　　　　图5-43　**导入火的素材并处理**

④ 按照上一步的操作，放入冰效果的背景素材，创建蒙版，用黑色画笔擦掉多余的部分（图5-44）。

⑤ 多复制一层增强画面的效果，一层颜色比较浅，这里我们多复制一层，可以观察到图层颜色比之前更明显了（图5-45）。

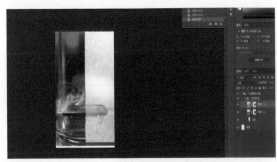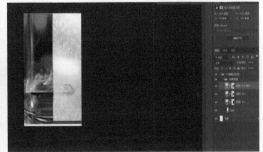

图5-44　**导入冰的素材并处理**　　　　　　图5-45　**复制图层增强效果**

⑥ 产品的合成画面构想是让产品下面有火有冰的效果。首先我们放入火焰的素材，转换为智能对象，为了节省空间我们进入智能对象内进行操作，如图5-46双击智能对象缩略图的部分进入到智能对象内部。

⑦ 左侧放的是火的素材，右侧放的是冰的素材（图5-47）。

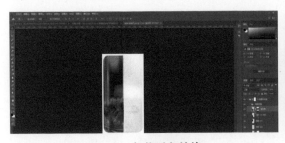

图5-46　**智能对象转换**　　　　　　　　　图5-47　**素材的摆放**

⑧ 抠完放进场景的图，这里面我们需要把产品图以及滴水部分的图都抠出来，水流的图用剪切蒙版剪切进产品图层，并进行旋转（图5-48）。

图5-48　旋转图片

> 提示
>
> 　　因为素材的环境色和背景色的色调不一致，需要后期调色统一一下整体的环境色，给产品加一些环境色。

⑨ 添加产品阴影，图层位置放在产品图层下方（图5-49）。

（a） 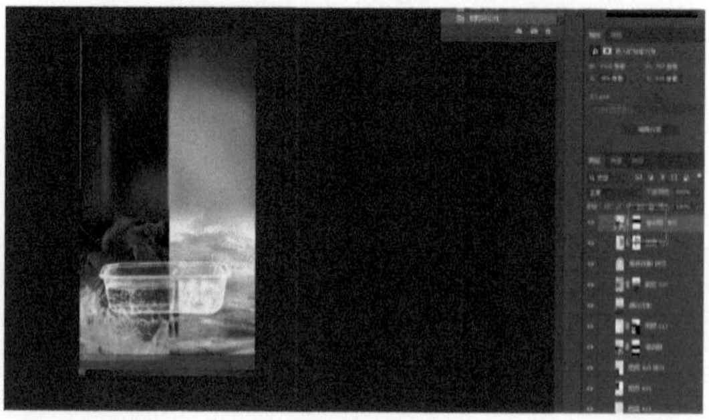　　　　　　　　　　　　　　　　　（b）

图5-49　**添加产品阴影**

⑩ 把水的部分抠出来放入场景中，图层模式选择滤色，可以让水融入画面（图5-50）。

⑪ 放入冰块的素材，冰块添加动感模糊的效果，具体设置数值如下（图5-51）。

图5-50　**水素材的处理**

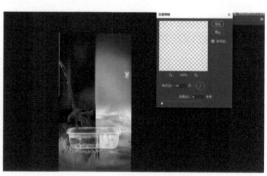

图5-51　**冰块素材的处理**

⑫ 选出冰块的选区，选择冰块图层按住Ctrl键用鼠标左键单击图层选出冰块的选区，然后填充灰蓝色，颜色数值为#cdd2dd（图5-52）。

图5-52　**冰块的选区与填充**

⑬ 放入冰块的素材，图层模式选择叠加（图5-53）。

⑭ 加入文字和进行标题排版后画面就完成了（图5-54）。

（a）

（b）

图5-53　冰块素材的添加

图5-54　画面排版设计

## 5.5 | "安静"的卖点表达

你能想到的需要体现安静的功能是为了解决什么问题呢？是不打扰。

从解决问题的角度思考，带入场景表现是最容易解决这个卖点的可视化表达的。比如：洗衣机工作时声音很小、风扇吹的时候声音很小、电脑机箱工作的时候声音很小，那能小到什么程度呢？小到旁边有人睡觉都不会影响，小到低于噪声的标准分贝值。

下面总结一下这个思维过程（图5-55）。

图5-55　思维过程分析

通过这个思维过程我们可以有以下的推导。

① 什么人需要安静？

睡眠浅的人，或是在专注工作、学习的人，或者容易被打扰的人，可以泛指一部分对环境噪声要求比较高的人。

② 什么环境下更需要安静？

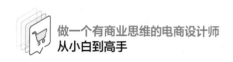
休息或者学习、工作的场所，以及医院等。

③ 安静是否有标准？

安静没有标准，但是噪声有标准，低于这个正常噪声标准的，我们可以匹配到安静的标准。

④ 安静跟产品卖点的直接关系？

产品因为有了这个功能，给用户带来了什么利处，是更好的睡眠还是不被打扰的环境？

图5-56　"安静"卖点表达范例

下面是常见的安静卖点的表达，例如与睡觉的人一起展示，表达安静不打扰休息；通过噪声对比表达安静（图5-56）。

## 5.6 | "轻"的卖点表达

有轻才有重，这句话用来解释这个卖点再好不过了，它的意思是轻重是一种对比，没有绝对值。比如一块砖头我们觉得它有点重，但是跟一块大石头比，它是不是就特别轻了？

从解决问题的角度思考，什么情况下你会需要这个产品具有"轻"的特质？当你费力时或者行动不便时，轻就等于省力，等于便捷。

下面总结一下这个思维过程（图5-57）。

图5-57　思维过程

通过这个思维过程我们可以有以下的推导。

① 什么人需要轻？

力气不大的人，或者某种动作比较消耗体力时，或者这个物体的轻重会对他造成某些影响时。

② 什么环境下更需要轻？

长时间跟产品有互动关系时，就比如我们每天都需要搬运一件物体时，就希望它越轻越好。

③轻是否有标准？

轻的标准来自于对比，比如一个鸡蛋很轻，但是一个乒乓球更轻。不同的物体之间人们对于它们的重量包容度是不同的。

④轻跟产品卖点的直接关系？

产品因为有了这个功能，给用户带来了什么利处，是更好的生活还是更省力、更便捷的操作。

轻还是一种省力的体现，比如我们抱一个十来斤的婴儿，时间久了会觉得腰酸背痛，跟五六岁的儿童比，十来斤的婴儿很轻，但是时间久了仍然会觉得累，这个时候如果你来做一个抱婴儿的辅助腰带，那就应该表现用了这个产品之后产生的对比效果：之前抱10分钟就累到不行，现在抱1个小时还可以顺便逛个街。

下面是常见的表达"轻"的方式，例如用肢体动作带入"轻"、用漂浮状态带入"轻"（图5-58）。

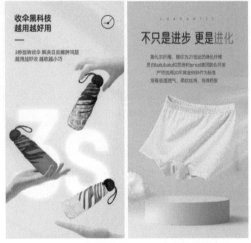

图5-58　**"轻"卖点表达范例**

## 实例6 ｜ **用PS制作"轻"卖点可视化**

图5-59是产品图和制作"轻"卖点可视化后的海报效果对比。

设计分析　产品需要表达轻的特点，可以通过与不同重量的物体对比，比如用羽绒，或者气球来做比较，也可以用数字化的图示来强化8克的概念。

设计思路　这里选择直接用文字图示的方式表达，但是画面要配合营造出来轻盈的感觉，选择肢体——手，一方面是可以让人直

图5-59　**产品图和海报效果对比**

观地感受到产品的大小，另一方面这个手势比较优美轻盈，符合对画面氛围的设定。

步骤拆解

**（1）背景表达**

① 新建790×1358画布，用矩形选框工具绘制背景——矩形，可在矩形工具下设置矩形属性参数，如图5-60，颜色填充为#d3ad7a，矩形大小跟画布大小一致即可。

② 给背景加光效，加光效可以让背景更有层次和质感，这里选择画笔工具，选择比背景色浅一点的颜色，这里颜色尽量向白色的颜色区域靠近，颜色可根据画面设定（图5-61）。

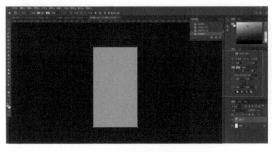

图5-60　新建画布并绘制背景　　　　　　　图5-61　给背景加光效

③ 用画笔工具在画布中间偏上位置涂抹，这里可根据画面效果设置画笔流量以及不透明度。可以选择柔边画笔，画出来的效果更真实。画好后调整右侧图层的不透明度，让画面更融合（图5-62）。

④ 画布上方也用此方法加一些高光效果，让画面更加通透，这里直接用白色画笔就可以（图5-63）。

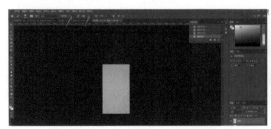

图5-62　用画笔工具刻画背景　　　　　　　图5-63　画布上方添加光效

**（2）文字设计**

① 首先用文字工具打出文案"8克0感"，这里我们选择的字体是"优设好身体"字体，设置如图5-64，字号设置400左右，颜色选择白色，不透明度设置为16%。

② 复制两份文字图层备用（快捷键Ctrl+J），对第一层复制图层执行滤镜—模糊—高斯模糊，参数设置如图5-65，半径为24.9。

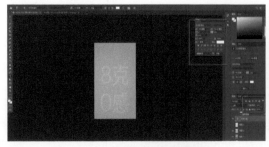

图5-64　添加文字并设置字效　　　　　　　图5-65　复制的第一层文字处理

③ 对第二层复制图层执行滤镜—模糊—动感模糊，参数设置如图5-66，距离为68，图层不透明度为49%。

（3）元素的表达

① 在画面中添加树叶素材（图5-67）。

② 给叶子加光效，用白色画笔图层，图层模式改为叠加（图5-68）。

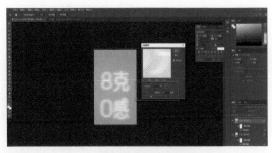

图5-66　复制的第二层文字处理

图5-67　添加树叶素材

图5-68　给树叶素材添加光效

③ 添加手部素材，注意相关的素材需要提前准备好（图5-69）。

④ 给手加入高光的效果，用白色画笔画出高光，用剪切蒙版剪切进手的图层（图5-70）。

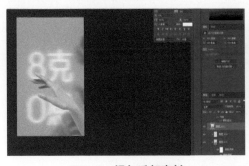

图5-69　添加手部素材

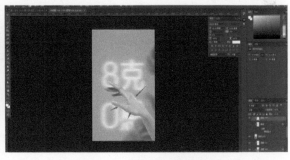

图5-70　给手添加高光效果

⑤ 添加眼镜素材，并调整其至合适位置（图5-71）。

⑥ 对眼镜图层添加蒙版，然后用钢笔勾出手透过的选区部分，在蒙版上用黑色画笔擦除，或者填充黑色（图5-72）。

⑦ 去掉眼镜被手遮挡的部分，完成效果如下（图5-73）。

图5-71　添加眼镜素材

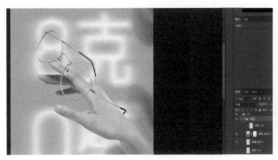

图5-72　眼镜素材处理

图5-73　眼镜遮挡部分处理

## 技巧 ｜ 眼镜如何修图

① 用钢笔工具勾画出眼镜片选区，新建图层填充颜色为#e4cdae（图5-74）。

② 给镜片添加文字反射效果，这里面文字效果要比背景的文字更加清晰一些，效果会更好，新建跟海报同样大小的画布，和做"8克0感"文字效果一样，但这次我们不需要把模糊数值和动感模糊数值调到太大。

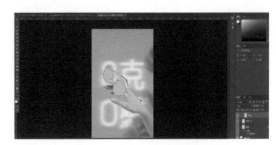

图5-74　眼镜片选区并填充

③ 背景色设置为#cbaf8a，这里我们选择比海报背景色深一点的颜色可以使画面效果更好。

④ 打出"8克0感"文字，复制两层备用，大小跟海报文字大小一样即可，对第一层"8克0感"文字添加动感模糊效果，执行滤镜—模糊—动感模糊，模糊距离数值设置为40（图5-75）。

⑤ 对第二层"8克0感"文字添加高斯模糊效果，模糊半径为24.9（图5-76）。

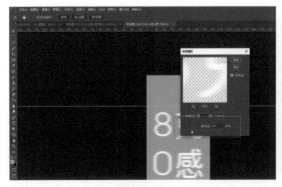

图5-75　添加文字并处理

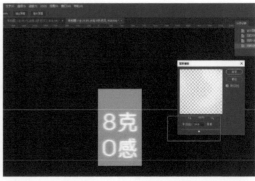

图5-76　第二层文字处理

⑥ 按住Ctrl+Alt+Shift+E盖印所有图层，然后把图层拖拽到眼镜片图层上方调至合适位置，用剪切蒙版剪切进眼镜片图层，得到此效果（图5-77）。

⑦ 制作镜片内手的效果。为了达到效果的真实性，生活中镜片是透明的，透过去可以看到手的部分，这里我们复制手的图层，按住快捷键"Ctrl+J"放到文字效果上方，剪切进文字效果图层（图5-78）。

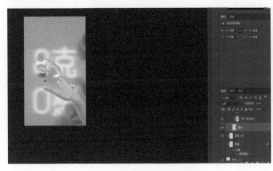

| 图5-77　盖印所有图层 | 图5-78　眼镜片质感的表现 |

⑧ 镜片部分高光。选出眼镜的选区，新建图层，用白色柔边画笔画出选区（图5-79）。

⑨ 眼镜框部分阴影。复制眼镜框图层放到眼镜框图层下方，执行滤镜—模糊—高斯模糊，模糊数值根据画面设定（图5-80）。

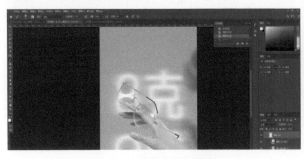

| 图5-79　眼镜片添加高光 | 图5-80　眼镜框添加阴影 |

⑩ 制作眼镜框在手上的阴影，选出眼镜框的选区，填充颜色为#af998f，图层模式为正片叠底，剪切进手的图层，调整到合适位置，不透明度为21%，得到图5-81效果。

**（4）整体版面设计**

① 添加文字排版效果（图5-82）。

图5-81　制作眼镜框的投影

② 光的效果。放入光影的素材，放入两层光影效果，图层模式改为柔光，然后把两个图层Ctrl+G编组。

③ 对光编组的图层设置图层样式为穿透，制作完成（图5-83）。

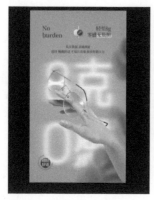
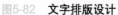

图5-82　**文字排版设计**　　图5-83　**添加光影素材并调整**

解决可视化有三个常用的思路：一是表现这个产品的功能对其他物体能产生的影响，就像上面我们说的，热了，人们通常脸会红、会出汗，热这件事通过皮肤变红和出汗让我们有了直观的感受。二是通过场景带入，比如妈妈在用洗衣机洗衣服，旁边睡了个宝宝，不会被洗衣机吵醒。三是图表，图表本身就是一种可视化的形式，数据本身就具有说服力，通过对比产生的数据就更有说服力，比如我说这个苹果的甜度是18度，你没有感觉，但是我告诉你大部分苹果的甜度只有15度，你就会从潜意识里觉得它很甜。

## 5.7　其他卖点的表达

电商产品品类非常多，每个产品的卖点和表现方式都不同，掌握好产品与想表达的卖点之间的关系就能做出更加合理的可视化表达。

以图5-84为例，是表达小巧便捷卖点的范例。

以图5-85为例，是表达面料结构卖点的范例。

以图5-86为例，是表达防晒卖点的范例。

图5-84　**卖点表达范例1**　图5-85　**卖点表达范例2**　图5-86　**卖点表达范例3**

以图5-87为例，是表达耐水洗卖点的范例。

以上我们介绍的大部分产品是通过后期处理实现卖点可视化的。其实还有很多产品是用多场景化的演绎来表达的，通过洞察消费者的购买情景，在情景中设计痛点并解决痛点也是常用的卖点表现形式。这种形式对统筹全案的能力要求较高，需要在项目筹备初期就做好用户调研和产品分析，然后做好策划方案，在拍摄现场拍摄的时候就将需要表达的内容拍摄出来。当然无论是哪种表现方法，能传递出产品的情感，将产品的卖点表达出来即可。

图5-87　**卖点表达范例4**

比如我们要拍摄一款青少年午睡枕的详情，其中有一个卖点是科学的睡姿，那么通过对产品的了解，我们得知了这个产品主要是在教室午休用的。接下来我们就根据产品的使用场景、使用展示进行了卖点策划。拍摄方案如图5-88（a）。

比如产品是一款婴儿床。这款婴儿床有一个卖点是安全环保，宝宝可以放心啃咬。那么通过对产品的了解，我们明确了这个卖点需要展示的内容，这是一个需要模特宝宝跟产品互动的场景，需要一个特写镜头，设计草图如图5-88。

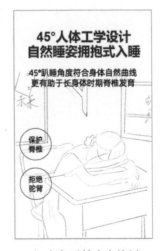

（a）午睡枕卖点策划　　　（b）婴儿床卖点策划设计草图

图5-88　**卖点策划**

更多的产品则是需要拍摄+后期进行卖点可视化表达的，前面我们也讲了电商的设计标准和视觉标准都在不断提高，消费者希望看到更好的东西，而视觉则是设计向他们传递产品品质的通道。

往往看起来更简单、更贴合的表达反而是对设计更高的要求，因为这个时候代表我们已经将设计融入产品，使你忘却它是经过设计表现的，能更专注地沉浸在设计设定的情境中。就像日本著名设计师原研哉说过的"最好的设计，就是没有设计"。

## 实例 7 | 用 PS 制作眼镜卖点可视化——眼镜防蓝光卖点表现

本案例我们来演示怎么展示眼镜镜片的防蓝光功能，图5-89分别是产品图和制作眼镜卖点可视化后的效果对比。

设计分析 卖点表现是要做出防蓝光的功能，我们先了解光是什么。光是七彩光放在一起混合而成的。了解完光的组成之后，我们可以将光中的蓝光分离出来，那么我们在表现跟光相关的卖点时可以融入这样的元素。

设计思路 模拟七彩的彩虹光束，做出穿过眼镜的画面，镜片前后区分蓝光的强度，经过镜片后的蓝光被削弱，这样就可以实现卖点可视化的表现。

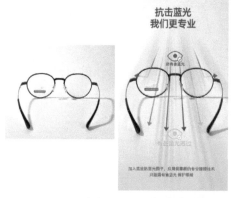

图5-89 眼镜产品图和制作效果对比

步骤分解

① 首先观察画面，从画面上很清楚地看到光是从左前方过来的，新建图层，用柔边圆形白色画笔点几下，让光源变得更加明确（图5-90）。

② 用矩形工具画出不同颜色的色块，这里要注意两边密集，中间稀疏一些，方便我们后期做变形（图5-91）。

③ 将所有的矩形编辑成组（Ctrl+T），使用自由变换工具，根据近大远小的原则，变换出如下形状（图5-92）。

图5-90 新建图层点画光源

④ 把每个矩形都转化成智能对象，方便后期调整。加入滤镜动感模糊（图5-93）。

图5-91 用矩形工具画色块　图5-92 矩形色块变形　图5-93 矩形色块添加滤镜

⑤ 把彩色条复制一组，按Ctrl+T，向中间缩一下，用蒙版擦除下面组中间重叠部分，再擦除近处的部分（图5-94）。

⑥ 把绘制出的彩虹条转为智能对象，放到眼镜上方图层，用柔边画笔，轻轻擦一下镜片部分（图5-95）。

图5-94　**复制色块并调整**　　　　　　　图5-95　**彩虹条细节调整**

⑦ 加入箭头，让光的方向更加具体，这里要注意虚实关系的变化。蓝光碰到镜片的部分用箭头做图示反射出去，其他的光可以穿透镜面。

⑧ 把之前的彩虹条复制一下，颜色叠加蓝色，擦除镜片后面部分，降低不透明度，加大蓝光的氛围。再加上文字排版就完成了（图5-96）。

图5-96　**整体画面调整并设计排版**

具体步骤
▶ 请参考视频 ◀

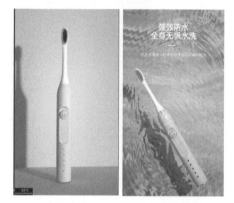
图5-97 牙刷产品图和制作效果图对比

## 实例8 | 用C4D制作家居卖点可视化——牙刷防水卖点表现

图5-97是产品图和制作牙刷防水卖点可视化后的效果图对比。

**思路分析** 要表现产品防水的功能，就需要产品与水的互动。比如产品浸泡在水里，或正在用水冲洗。这里我们选择用C4D的方式来表现，将产品浸泡在水中，通过画面暗示消费者产品防水。

**步骤拆解**

（1）参数设置

① 打开OC进入设置，选择路径追踪，最大采样设置为3000，GI修剪为1（图5-98）。

② 摄像机成像里镜头选择Linear，就是正常的光，伽马数值设置为2.2，伽马是亮度的意思，镜头是滤镜的意思，还有其他的一些滤镜大家也可以自己去试试（图5-99）。

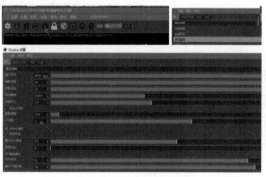
图5-98 路径追踪设置

图5-99 镜头的选择与设置

（2）场景素材处理

① 场景已经提供给大家，一个牙刷，下面有两层面（图5-100）。

② 让这个水面波动起来。选择牙刷下面的面，按住Shift加一个置换，然后面的分段加多一些，这里设置的是150（图5-101）。

③ 选择置换里的着色，然后点击着色里的图层，选择准备好的图片，这样画面就有了起伏的纹理效果（图5-102）。

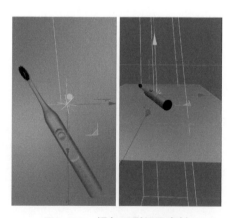
图5-100 添加牙刷场景素材

图5-101　牙刷底面设置

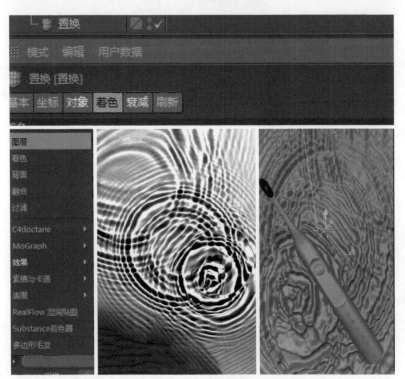

图5-102　置换和着色

（3）添加效果

① 加一个hdr并调整到差不多的位置，效果是这样的（图5-103）。

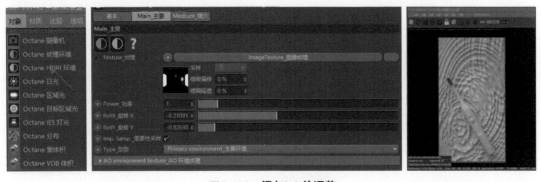

图5-103　添加hdr并调整

② 添加日光，设置一下颜色，旋转到合适的位置，勾选混合天空纹理，效果就出来了（图5-104）。

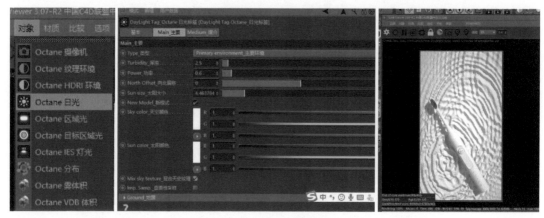

图5-104　添加日光并设置

**（4）添加材质**

① 给牙刷柄添加材质（图5-105）。

图5-105　牙刷柄添加材质

② 金属部分取消勾选漫射，镜面里的颜色接近白色就可以，索引改为1，加大一些粗糙度（图5-106）。

③ 透明材质。索引1.3左右勾选伪阴影，凹凸里添加噪波，传递里设置颜色。笔者的版本是OC3.07，如果你的软件是4.0版本，名称可能会有不同，根据情况设置就可以了（图5-107）。

图5-106　金属材质设置

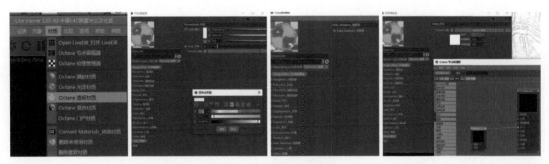

图5-107　透明材质设置

④ 接下来要把产品的图案贴上，选择混合材质，把贴纸添加到图像纹理里，贴图笔者已经展过uv，所以直接放就可以。

⑤ 根据黑透白不透原理再把之前的蓝白材质球扔上去，有的是添加到选区上就可以了（图5-108）。

⑥ 有些是需要把材质球放到对应选区上双击这个三角，或者点击恢复选集再放材质球就可以了（图5-109）。

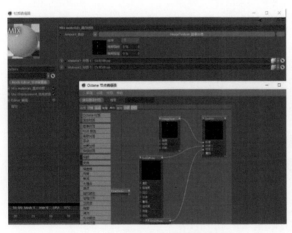

图5-108　添加混合材质并设置

图5-109　材质球位置调整

⑦ 再添加一个反射材质，添加一个图像纹理，把贴图放到漫射通道（图5-110）。

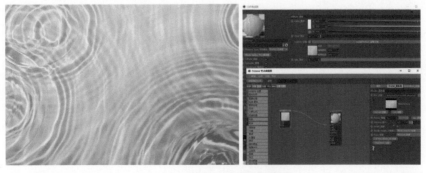

图5-110　添加反射材质并调整

⑧ 最后进行渲染设置，再加上文字和一些水珠素材，就做完了（图5-111）。

具体步骤
请参考视频

图5-111　渲染输出与优化

# 第6章　利用文案为设计加分

好的文案可以表达用户的意图和产品特点，达到吸引顾客传递信息的目的，在电商设计中具有非常重要的地位。本章通过对文案相关知识的讲解，助你快速提升文案水平。

## 6.1 ｜ 用用户思维写文案

不会写文案的设计师不是好销售，听起来像是一句玩笑话，但放在电商这个行业里再合适不过了。不是每一个电商企业都有独立的明确分工，比如文案、美工、摄影，很多时候"美工"都是身兼多职的。

对于设计师而言，有出众的文案能力，你的专业度会得到更多元化的体现，不仅能更好地统筹项目，还能获得更多的机会。

在设计的过程中，设计师经常将精力投入在视觉效果层面上，而画面中详细的宣传文案往往是被忽略的重要部分。文字作为信息传达的重要组成部分，对信息的传达不亚于图片的传播力。

电商设计中，我们主要的文案几乎都是To B（面向终端消费者）的，这就要求我们在文案创作前一定要充分了解产品。

### 6.1.1 电商文案的类型

电商的文案大体分为三类：品牌文案、营销文案、产品文案。

**（1）品牌文案**

品牌文案是描述品牌画面，扩大品牌影响力和宣传的文案。一个品牌通过一句广告语或者一系列相同类型的文案长期、高频地传播来建立消费者对品牌的认知和记忆，就比如我们常说的slogan（标语、口号）。

品牌文案是通过长期地、不间断地重复来让消费者记住和保持热度的，它会频繁地出现在我们生活的不同场景，所以首先要求方案简洁、朗朗上口，我们能想到某个品牌的广告语，就会发现它非常容易被记住，很容易被复述出来。其次就是差异化，和视觉一样，与众不同的文案会更容易获得我们的记忆。

品牌文案还会传递出某种价值观，每个品牌会有自己的受众人群，所以它们也会向这部分人群传递品牌情绪，从而吸引到某一群人。比如江小白的目标人群，是年轻的新一代。这个人群是个性鲜明的。锁定自己的目标受众之后就要用与其价值观相同的文案不断地向受众传递，例如：

① 没有刺激，哪来的热情。

② 给自己一个懒觉的时间，再阔步向前。

③ 你敬我一杯，我敬你一丈。

④ 有时候分不清现实与梦境，也是一种好事。

⑤ 你的故事，总在一个巷子里发酵。

⑥ 做一件事感觉对了，就别放弃。

**（2）营销文案**

店铺促销时的营销文案会介绍活动信息，它的目的在于引导买家产生点击行为。营销文案和产品文案并没有很明确的界限，很多广告里面的文案也写的是跟产品相关的信息，但是目的也是引导点击，这种文案既是营销文案，也是产品文案。

**（3）产品文案**

在电商行业，产品文案是我们在工作中打交道最多的内容，它是对产品特性以及卖点描述的文案，买家看到之后可以更好地理解产品，以及与产品相关的一系列信息。这里有一个误区：产品文案一定要描述产品本身。其实它的最大意义在于将产品和消费者联系起来，让买家通过阅读文案对产品产生共情，从而催生出想要购买的意愿。

如今，电商营销物料的文案逐渐被重视起来，大家的思考方式也在转变，但是还是有一些产品的文案写得"不那么专业"，常见的这些"不那么专业"的文案大概分为：只讲功能的、个人沉迷的。

**（1）只讲功能的文案**

这类是典型的实实在在陈述产品卖点的文案，但是这类文案的"不专业"体现在它的文字描述"太专业术语化"。太多的专业性名词和功能介绍会让买家看得云里雾里、无法

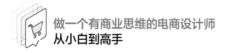

理解，更不会让他有购买的冲动。

比如图6-1这段文案，面对的是专业的买家还好，但如果人群包含了一些对这个类目并不是很了解的买家，那他会有两个行为：一是去主动学习一下"HIFI"是什么意思，跟普通的产品有什么区别。二是关掉页面。第一种行为无疑会增加他的时间成本。电商平台商品这么多，竞争如此激烈，还要给用户增加学习新知识的时间，这个就可以直接筛选掉很多买家了。如果要植入"HIFI"这个概念，可以将它放到小标题里，大标题尽量写得"接地气"一些，最好是谁都可以看懂的那种。

图6-1　功能型的文案范例

图6-2　沉迷式文案范例

**（2）个人沉迷的文案**

这类文案主要是因为文案创作者没有将销售的思维融入文案中，文案就会看起来辞藻华丽、才华横溢，但实则言之无物、不知所云。创作者初衷也许是想传达某种意境和氛围，但抓不住文案的核心主题，写得很美却也是空有其表没有意义。

图6-2这段文案写得很文艺，但是用户却无法第一时间对产品及产品性能产生清晰的认识。用户需要通过产品标题内容迅速抓取到产品信息，每一条产品信息都会增加他的购买欲望值。因此，我们要尽量保证文案一字一句都直击要害。

### 6.1.2　如何写更合适的电商文案

**（1）熟悉竞品**

知己知彼百战不殆。进行充分的市场调研，通过了解竞品，剖析自己的产品和受众，分析自己产品的优势和劣势，找准自己产品的定位。定位和方向更加清晰之后，文案才会更有针对性。

**（2）熟悉行业和用户**

熟悉行业，我们需要行业信息，或者上市公司的财务报表，或者和专业人员聊一聊。当你对这个行业有了充分的了解，你的文案创作难度就会大大降低。

要想写好电商文案，必须学会换位思考，从用户的角度去想，他们的需求就是你的卖点，如果没有需求，那么就创造需求。

我们写产品文案表面上看是向很多用户推销我们的产品，但其实电商里的每一个产品都有"精准的人群"，也就是产品售卖的定向人群。

例如，你为一款电风扇写文案，你首先要了解它是要卖给20多岁的白领，还是要卖给将要退休的老人，一定会有一个准确的目标人群，而不是所有人。

如果写给年轻人，我们看到的文案会是这样：

"12挡风力，强劲更清凉。1秒带走热浪，堪比空调。"

更快能吹到风，能迅速让自己凉快，是年轻人的主要诉求。年轻人在购买时注重的是风量是否大，是否比别的风扇更凉快，能不能解决或者满足这一需求就是文案要解决的重点。首先，将风力量化，12挡虽然不知道有多大，但数字这么大，给人的感受是好像这款的风力非常大。然后用强劲来形容风力和清凉，随后用了"堪比空调"的描述，用户就会想这么大的风吹了就不热了吧。这短短的两句话中实则在反复描述风量大能带的好处，直击用户的需求。

相比较20出头的年轻人，如果是30岁的社会精英人群，试想一下他们会更在意什么功能呢？可能会在意是否足够智能？是否可以远程操控？家中有孩子的也会在意产品是否足够安全？是否足够静音？

如果写给中老年人，我们就要改动一下文案：

"多挡调节，防直吹。温和自然风，无死角更清凉。"

针对老年顾客的文案不需要过多地描述大风量，相比较风量大，他们更在意的是会不会吹坏身体，风量是否温和。这里我们就用了防直吹来打消用户的顾虑，同时加上自然风的形容，让用户觉得既可以不用对着风扇吹，又可以享受到仿佛自然风的风感，正好契合了他们的需求。

精准地面对一个人，我们会用对方的语言说话，会想他心里所想，我们甚至会进入对方的角色，成为"年轻人"或是"老人"。在这个需求的推动下，再将产品的文案描述进行推动。我们经常提到文案要言简意赅，在其他功能点与利益点都明确的前提下，能一句话说清楚的事情，就绝不讲两句话。

以上便是精准面对用户的演示，在这个过程中我们需要掌握以下要点。

① 用数据来还原人群画像，比如年龄、地域、性别等，然后在脑海中再现对方的形象。

② 想象用户的生活方式、喜好，他希望解决的痛点是什么。

③ 一定不要沉迷于写产品功能，要讲你的产品能给用户带来什么好处或是解决什么问题。

④ 将沟通方式放到具体的场景里，比如你在厨房里向妈妈推荐好用的产品，或是在野外露营时给"驴友"推荐，情景不同，用词都是不一样的。

无论什么类型的文案，精准地面对对方都是必要的思路。切记不要写一堆形容词，也不要用太常见、太普通的表达，一是用户看不懂，二是用户无感。相反地，一旦将自己置身到用户的角度上，很多情景就会出现在眼前，也就能更容易更轻松地写好文案了。

## 6.2 | 文案的创作方式

大多时候人们购买产品是为了从中获益。比如买化妆品，是为了让自己变得更漂亮，买空调是为了让自己生活得更舒适，买熨斗是为了让自己的衣服更平整、穿起来更好看。我们在罗列功能卖点的时候，一定要思考产品的功能可以为用户带来什么利益，这种利益会让他们有怎样的体验和感受。

写文案的时候，不要沉迷于介绍产品功能，而要精准地说出它能给用户带来的好处。因为产品大量同质化的市场，基本上你有的产品功能，竞品也都有。文案更重要的侧重点应该是放在"利他"思维上，即买了这个产品之后用户会获得什么益处。

总结一下，文案创作要做到以下几点。

① 要了解产品的功能。

② 将产品的利益点陈列出来。

③ 了解目标用户当前的精确痛点/需求点。

④ 用与目标用户匹配的文案风格进行描述。

⑤ 传达出产品能给用户带来的益处以及信赖感。

## 6.3 | 文案如何优化

大家在电商平台经常会看到一些词，比如：高端、潮流、货真价实等等。这些词是很多卖家惯用的文案，但由于使用过度，会让人无感、麻木。

我们在写文案时，要具体到场景，具体到时间，具体到一件事的效果，精准到感受。以"太阳镜"为例，打开各种购物平台，会发现大多跟太阳镜有关的文案都在写：时尚、潮流、享受阳光。我们买太阳镜是因为自己不够时尚、不够紧跟潮流吗？是为了多晒太阳吗？这都不是重点。重点是我们买到这个产品可以得到什么。

### 6.3.1 精准地说获得的感受

一般的太阳镜都会有过滤紫外线的功能，某款产品设计的镜片边框比较大，我们可以模拟佩戴时出现的场景，配合文字进行情景还原：

上镜小V脸

实力防晒，解放双眼

再也不用眯眼看风景

直面阳光，快意拍照

只留影，不流泪

用户看到这些文字后会联想到自己购买这个产品之后的使用情景：拍照的时候没有大脸的困扰，这款商品肯定会让我的脸显小；出门也不必担心太阳晒了，拍照也不会睁不开眼了……这些描述的情景似乎就是日常生活中的点滴，我们用文案一条一条把它解决了，让产品给用户留下深刻的印象。

### 6.3.2 精准地说特点

电商产品同质化严重，相同功能、相同品质的商品都不止一家，你要给客户一个选择你的理由。这里分享几个技巧。

**（1）利用恐惧心理**

人类对危险本能地会产生恐惧心理，所以在不利于自己的事情可能发生时，人们都会想办法消除掉这种恐惧。比如"还在用传统席子吗？宝宝睡眠质量差，妈妈都很发愁"。

**（2）利用比较心理**

比较心理是大部分人都有的，一是出于炫耀的目的，二是出于隐藏自己的自卑或者不足的目的，三是出于获得别人认同的目的，比如"贵妇同款"。

**（3）利用希望获得更多利益的心理**

人们在购物时：希望获得更低的价格、更多的赠品、更好的服务。我们在电商文案中常见到"买一送八""终身售后""超值大礼包"，等等。

**（4）利用从众心理**

人是群居动物，在行为上本能地会追求和其他人一样，在购买产品时也会追求和大众一样，这样不仅能找到所谓的安全感，也可以避免因试错而产生的成本。比如常见的"热销×××万件"。

**（5）利用社会认同心理**

社会认同理论认为个体会通过维持社会认同来提高自尊，具体点说就是人会通过一些产品来提高自己的社会地位。比如"××明星同款"。

**（6）利用同情心理**

大部分人都有一颗善良且包容的心，这种人容易受他人感染，见不得别人苦难，经常会在自己能力所及的情况下，伸出友爱之手，比如"农民伯伯亲自种植，不打农药"。

**（7）给产品取一个新奇的名字**

我们对广告有本能的视觉屏蔽，看到广告时，眼睛会选择主动略过。为了让产品在消费者心中留存，形成深刻的印象，并消除这种"距离感"，我们常看到一些化妆品起名

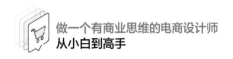
"小白瓶""小黄瓶""神仙水"等等。

也可以尝试一下"4u"法则。4u是国外对电商文案的写法建议,这4个u分别是:unique独特性、urgent迫切感、ultra specific针对性、useful有用处。

与我们做设计是一样的,平时看到一些好的文案,要养成随手保存的习惯,注意平时工作的积累,久而久之这种创作文案的能力就锻炼出来了。

## 6.4 电商设计作品的文案编排

一份走心的文案是一个优秀的电商设计作品的前提,而好的文案编排能够做出高质量的设计效果,从而吸引广大客户群体。一些新手设计师,对于文案编排的详细步骤并不完全了解,所以本节就通过实例给大家介绍一下如何进行文案编排。

## 实例 制作一个带文案的电商视觉设计作品

图6-3是小方桌产品图和电商视觉设计后效果对比。

图6-3 产品图和制作效果对比

**设计说明**

下面我们来做一张海报,文案内容:Get颜值好物,北欧小方桌,一物多用,小空间福音,限时抢购99元。

**步骤拆解**

① 打开产品图片,先对图片进行裁切,将产品调整为画面主体,多余的部分裁切掉(图6-4)。

图6-4    导入图片并裁剪

② 观察图片发现色温过高，打开camera滤镜矫正白平衡。

③ 将文字主次关系分组。

标题：Get颜值好物，北欧小方桌。

辅助文案：一物多用，小空间福音。

利益点价格信息：限时抢购￥99。

④ 按照亲密关系将文字段落进行排版（图6-5）。

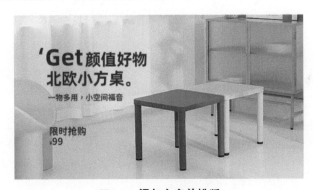

图6-5    添加文字并排版

⑤ 添加英文等装饰元素，让画面有细节，更加耐看（图6-6）。

图6-6    添加装饰元素

- 第三部分 -
# 具体实施

# 第7章　电商产品图的拍摄与美化

由于设计需要制作好效果图后才能进一步对店铺进行美化装饰处理，所以产品图的拍摄和美化也是需要重点掌握的技能。本章主要对产品图片拍摄、产品图片修图、图片创意合成等进行讲解。

## 7.1 ｜ 产品图片拍摄

在对产品进行拍摄时，需要对产品有一定的认识和了解，并针对其特点和使用方法等选择合适的拍摄器材，以及根据产品的大小和材质确定拍摄台面的布局等。

### 7.1.1　如何搭建拍摄台面

一个摄影棚通常由相机、闪光灯、灯架、专业三脚架、各类支架、各类灯罩、硫酸纸、静物台、各类道具、各色大小背景纸组成，大的摄影棚会有一个或多个无影墙（一般为白色）。如果场地限制或者预算不够，也可以在淘宝购买仙丽背景纸，颜色选择更多，效果也不错。

这里以搭建一个简单的台面为例，介绍具体的拍摄步骤。

① 找一块背景布（根据电商页面要求或产品确定背景布颜色），推荐背景布为3.6米×11米的卷轴，用卷轴机固定，打开开关后，纸下降形成背景布。如果没有条件，用背景纸布置一下也可以（图7-1）。

② 打开光照灯，这里架两盏灯，一盏作为主光源，另外一盏用于暗部补光（图7-2）。

图7-1　布置背景　　　　　　　　图7-2　布置灯光

③ 分析产品。本案例的产品是玻璃饭盒，我们需要展示产品的内部结构以及一些配件（图7-3）。

④ 将产品摆放至背景布前，将产品按照需要展示的内容布置一下。这里要注意一下产品摆放的构图（拍摄产品之前要将产品了解透彻，了解产品拍摄需要表达的内容再进行

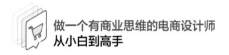
布景、构图、拍摄），拍摄过程中，要多调整几次，以找到最佳拍摄方案（见图7-4）。

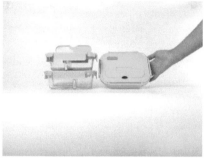

图7-3　分析产品　　　　　　　　图7-4　内容布置

⑤将图片拖入PS把手抠掉，画面突出产品（图7-5，图7-6）。

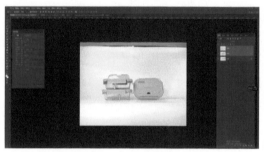

图7-5　画面调整　　　　　　　　图7-6　拍摄产品效果

### 7.1.2　如何用手机拍摄产品图片

如需使用手机拍摄，因为手机并不像相机那样专业，所以我们应尽量选择拍摄像素更高的手机，将图片质量设置到最高，尽量选择光线充足的地方。

（1）使用手机拍摄的技巧

①尽量在光线充足的地方进行拍摄，拍摄前可以调试手机里的拍摄模式，观察不同模式下产品的表现，选择表现效果较好的模式。尽量避免在逆光的情况下拍摄，有的手机支持闪光灯功能，可以有效补充光线，不过手机闪光灯的有效距离比较短，适合近距离拍摄时使用。

②一定要保持稳定，在拍摄时，一只手握手机对准拍摄对象，然后用另一只手托住这只手，保持平稳。平稳可以让画面更加清晰。

③注意手机与产品的构图关系，尽量保证产品的透视看起来是正常的角度，避免畸形或是奇怪的透视。

（2）常用的拍摄构图

对于一个设计师来说，构图并不复杂，你只要记住"色彩""形状""引导线""三分画面""井字""黄金分割""对称与平衡""再现与重复"就可以了，其实不用死记硬背，摄影中的构图知识跟设计构图很多都是相同的。

① 三分法构图。三分法构图是最常用也是应用范围最广的构图，无论是拍摄产品还是Vlog记录，都能给你的视频增加一点美感（图7-7）。

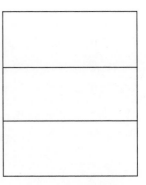

图7-7　三分法构图

② 对称式构图。对称式构图是按照某一对称轴或者对称中心，使得画面内容沿对称轴或中心分布。这种构图手法给人一种沉稳、安逸的感觉。对称式构图适合用慢节奏的镜头去表现，通常被用来拍摄人文景观（图7-8）。

③ 三角形构图。三角形构图多用于一些食物等产品的拍摄。将要拍摄的主体，按照三角形的排列方式进行组合。食物摆放按这种方式进行构图让人看起来很舒服，很有食欲（图7-9）。

图7-8　对称式构图

图7-9　三角形构图

④ 线性构图。常用的线性构图有S线构图和对角线构图，对角线构图（图7-10）是将主体放到照片的对角线上，这种方法适用于人像、风景。

⑤ 曲线构图。相比于直线，曲线更具延长、变化、有韵律的特点，更适合表现海岸线、河流、山路之类的场景，同样可以给人以视觉引导。拍摄时，尽量不要让画面中的曲线断掉，否则会减弱画面延伸感（图7-11）。

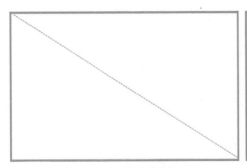

图7-10　线性构图

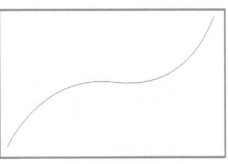

图7-11　曲线构图

### 7.1.3 如何拍摄出符合产品属性的广告图

电商的产品类目非常多，不同类目的视觉表现也是不同的，对于电商摄影没有一个统一的标准。我们在拿到产品开始拍摄前，首先要观察产品的特征，然后根据类目特征和甲方的需求来判断怎么样拍摄更能增强产品的表现力。主要注意以下两点。

① 突出产品特色。产品图片一般需要展示什么？以服装为例，款式、搭配、场景以及产品本身具有的特点都是需要展示的。

② 图片需求类型。拍照分全景图、细节图。全景图主要看产品全貌、整体特征。细节则是展示某些卖点的特写。

## 实例 1 | 用手机拍摄帽子产品图

图7-12是用手机拍摄帽子产品图的效果。

**（1）帽子拍摄**

① 打两盏灯在产品左前方和右后方，一个作为主光源，另外一个作为辅助光源（视角度而定）。辅助光源用来照亮产品的暗部，使暗部不至于漆黑一团，丢失细节。

图7-12　**帽子产品图**

② 为了使帽子形状好看一些，拍摄时垫了东西，后期可以抠除。这里需要拍摄的是一张白底产品图，不需要复杂构图，拍摄居中就好。拍摄后可以看到帽子有很多杂点，还有一些褶皱（图7-13）。

图7-13　**拍摄构图**

**提示**

拍摄时需要注意的细节：
a.将拍摄分辨率调至最高,让照片显示更清晰。
b.开启防抖功能,以免抖动影响照片品质。
c.开启自动对焦模式,使对焦更加清晰。

**（2）拍摄完成后进行图片后期修图**

① 将拍摄好的图片拖入软件（Photoshop)中，按Ctrl+J复制一层，再复制一层，将照片复制两层，分别取名修图和纹理（图7-14，图7-15）。

图7-14　导入图片

图7-15　复制图层

② 在纹理图层使用滤镜—其它—高反差保留，这步是为了保留帽子的细节，使其不被修掉（图7-16）。

③ 这里将高斯模糊的数值设置为3.2，数值越大纹理越清晰（图7-17）。

图7-16　纹理图层执行滤镜

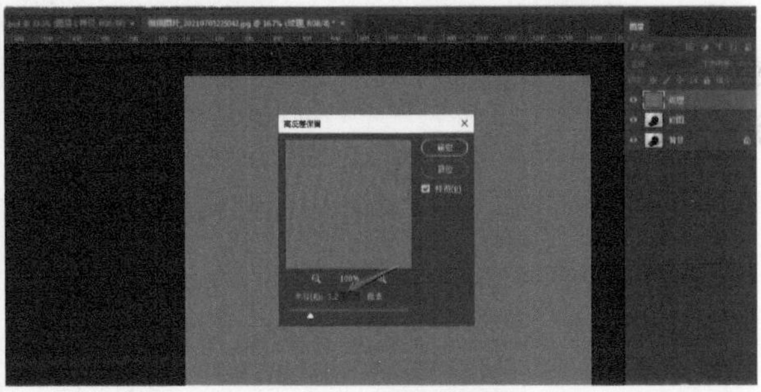

图7-17　滤镜设置

④ 将纹理图层的图层样式改为叠加（图7-18）。

⑤ 使用污点修复画笔工具，在输入法英文状态下按【】可调整画笔大小（图7-19）。

图7-18　修改图层样式

图7-19　选择画笔

⑥ 在修图图层直接点击瑕疵部分（图7-20）。

⑦ 哪里不干净点哪里，画笔不要调得太大（图7-21）。

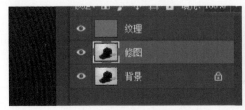
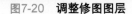

图7-20　调整修图图层

图7-21　抠除瑕疵

⑧ 耐心地完成所有部分的细节处理，图7-22是修完图之后的效果。

⑨ 观察帽子上还是有一些不平整的地方，直接用修补工具圈住褶皱拖到平整的地方。因为我们前面的高反差保留不会破坏帽子纹理，如果纹理不见了可以用仿制图章工具在附近复制一下（图7-23）。

图7-22　**修图完成**

图7-23　**修补细节**

⑩ 接下来把帽子抠到白底画布上，调整角度，用液化工具把它调得圆满一点，这里注意液化压力调小一点、浓度大一点，这样比较好掌控（图7-24）。

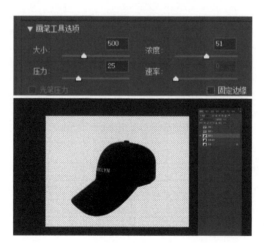

图7-24　**背景修图**

## 7.2 ｜ 产品图片修图

修图是每个设计师必备的职业技能，虽然不可能所有的后期工作都由设计师一个人完成，也不能要求设计师像专业的修图师那样对每一张照片都精雕细琢，但是清洁的画面、正常的色调这些基础的技术都是设计师必须要掌握的。

电商中的产品图是非常重要的，它会影响到页面呈现出来的品质，还有品牌的高级感。很多页面看起来好像没有什么惊艳的设计，但整体看起来就是感觉精致、品牌感强烈，这跟产品图片呈现出来的效果好是分不开的。

后期修图的常用软件是PS。常用处理方式包括大小的调整、图片的裁切、抠图、图片格式更改、调色等。

## 实例2 ┃ 用钢笔工具抠图

钢笔工具适合精细抠图，精准度比较高，但是其操作难度高于其他工具。相较于只能画直线做选区的多边形套索工具来说，钢笔工具更灵活，直线和平滑曲线都是它的看家本领。绘制平滑曲线路径做选区，钢笔工具最擅长。

① 对准轮廓绘制路径，拖动手柄移动位置（图7-25）。

② 钢笔勾线时按住Ctrl键可以调整手柄位置，按住Alt键可以删除锚点，用钢笔勾出完整路径后也可以用直接选择工具（小白箭头）调整选区位置（图7-26）。

图7-25　用钢笔工具绘制路径　　图7-26　调整路径

③ 按Ctrl+Enter键闭合路径，按Ctrl+J复制出选区即可（图7-27）。

图7-27　产品选区

## 实例3 ┃ 整体调色

调色没有固定的公式和方法，每一个人对画面的思考也是不同的。在开始调色前要先观察画面存在的问题，思考一下通过调色要达到什么样的目的，再根据图片的问题展开调整。

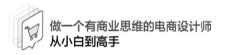
以图7-28为例。

图7-28　产品图

图片分析

通过观察图片发现存在以下问题：

① 图片色调整体发灰，画面看起来比较脏；

② 产品质感不够，图片颜色有点偏黄。

图片修图

① 执行滤镜camera raw（快捷键Shift+Ctrl+A）。

调整曝光和饱和度。调整曝光提高整个画面的亮度，让画面看起来更干净。调整色温是因为画面发黄，少加一点蓝即可改善效果。调整画面时不断观察对比画面，再增加一点对比度、饱和度，让产品颜色看起来更加鲜亮一些（图7-29）。

② 给背景调整色阶，让画面背景更有质感，颜色更通透一些。这里用快速选择工具选出面膜的选区，因为只对背景色进行调整，而面膜比较好抠图，选出面膜选区后按Ctrl+I进行反选就得到了背景的选区，然后再执行图像—调整—色阶，或者用鼠标左键点击图层面板下小按钮（创建新的填充或调整图层），按快捷键Ctrl+L拖动色阶调整模块，让背景颜色更亮一些（图7-30）。

图7-29　调整曝光和饱和度

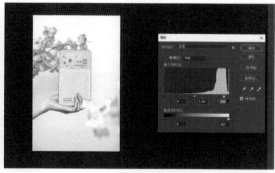

图7-30　给背景调整色阶

## 技巧 1 ┃ 杂乱背景如何修图

① 分析图片。图7-31中的支撑杆是拍照时固定产品的道具，在画面里是多余的，需要把它修掉。另外，画面整体的颜色比较暗，缺少通透感。

② 首先用钢笔工具抠出要去掉部分的选区（图7-32）。

③ 然后填充画面背景颜色（填充颜色快捷键Alt+Del为填充前景色，Ctrl+Del为填充背景色），这里我们把前景色设置为画面背景颜色，按Alt+Del填充颜色（图7-33）。

④ 填充后发现颜色与背景色没有完全贴合，用仿制图章工具涂抹背景，选择仿制图章工具，按住Alt键取色，选择相近的颜色，然后涂抹背景中没有贴合的边缘，让背景更融合（图7-34）。

图7-31　图片修图前　　图7-32　钢笔工具选区　　图7-33　填充画面　　图7-34　用仿制图章
　　　　　　　　　　　　　　　　　　　　　　　　　　　　　背景色　　　　　　工具涂抹背景

⑤ 用camera滤镜调整颜色，因为产品图整体偏黄，背景不够透，执行滤镜camera，调整参数。调色思路为：背景加蓝，调整曝光和饱和度（图7-35）。

图7-35　用camera滤镜调整颜色

## 技巧2 │ 如何修图使产品更具质感

① 先观察图片，发现图片中镜片质感较弱，对比大部分同类产品，我们需要让镜片看起来光泽感更强，更有立体感（图7-36）。

② 先用钢笔工具勾选出镜片的选区（图7-37）。

③ 按Ctrl+J复制出选区，在镜片图层上按住Ctrl键点击镜片，显示出选区（图7-38）。

图7-36　**产品图修图前**

图7-37　**钢笔工具选区**

图7-38　**复制选区**

④ 选择渐变工具，向镜片选区内拉入黑白渐变（图7-39）。

⑤ 调整图层模式为滤色，发现左面的眼镜片相对于右面的更有质感（图7-40）。

图7-39　**使用渐变工具**

图7-40　**调整图层模式**

⑥ 完成后，对比修图前和修图后的效果。确定效果之后，完成修图（图7-41）。

图7-41　**修图前后对比**

## 实例 4 ｜ 饰品精修案例详解

图7-42是饰品精修后的效果。

### 图片分析

开始修图之前先观察原图，原图是比较模糊、没有质感的，明暗关系不强烈，缺乏金属光泽。金属、玻璃类材质的产品拍摄会受反光的影响，折射到产品上的外部环境细节比较多，通常后期工作量比较大（图7-43）。

图7-42　饰品精修图

图7-43　饰品原图

### 图片修图

① 首先调整图片，让产品更清晰（此教程主要是增强产品的金属质感，处理整个的明暗关系）。打开PS软件，使用工具包括涂抹、减淡、加深以及图章，因为原图背景比较模糊，按Ctrl+J复制图层（图7-44）。

② 选择滤镜—其它—高反差保留，半径为2.1像素（图7-45）。

图7-44　调整产品图片

图7-45　执行滤镜

③ 接着把图层模式改为叠加，然后按Ctrl+E合并两个戒指图层。再复制一个图层（图7-46）。

图7-46　修改图层模式

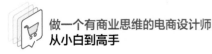
④ 使用钢笔工具抠出戒指的各个部分，按Ctrl+Enter转化为选区，按Ctrl+J复制一个新图层（图7-47）。

⑤ 然后使用加深工具和减淡工具涂抹戒指的明暗部分，使用吸管工具吸取戒指上的颜色，用画笔工具直接涂抹，处理整个戒指的杂质，提升质感（图7-48）。

图7-47  钢笔工具选区              图7-48  加强产品质感

⑥ 新建图层，使用钢笔工具绘制戒指的边，调整亮度为21，对比度为3。注意，这一步的图层需要剪切到下一个图层（图7-49）。

⑦ 调整戒指整体颜色，调整色相为–6，饱和度为–7。调整色彩平衡里的高光为+1、0、–3，中间调为+2、0、–4，阴影为+2、0、–1。按Alt键并单击图层剪切到下一个图层（图7-50）。

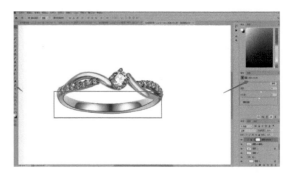

图7-49  戒指边缘处理

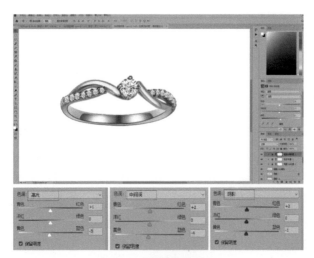

图7-50  调整整体颜色

⑧ 拖入钻石素材，向中心缩放，添加蒙版，用黑色画笔工具涂抹爪子遮住钻石的部分，再复制图层组然后进行合并。使用上述方法同样去除爪子的杂质（图7-51）。

⑨ 使用同样的方法改变其他的小钻石，按Ctrl+T切换到自由变换工具，调整钻石大小即可（图7-52）。

图7-51　**导入钻石素材**　　　　　　　　　　　图7-52　**修改钻石大小**

⑩ 修图完成后，检查并保存文件。图7-53是修图前和修图后的对比效果。

图7-53　**产品修图前和修图后对比**

我们还会遇到一些首饰具有不同的颜色，比如图7-53笔者修成了玫瑰金的色调，那如果是铂金或者银饰，我们直接通过降低饱和度去调色即可（图7-54）。

图7-54　**修改产品色调**

提示

　　一般饰品类的精修，比如钻石、珍珠常用以前拍摄好的或图库网站上找到的素材，将钻石的部分或者珍珠的部分替换即可。因为形体、光泽等等都是相似的，而重新拍摄到接近完美的状态需要的拍摄准备和后期工作量极大，所以一般情况下都是直接替换。

<table>
<tr><td>**7.3**</td><td>**图片创意合成**</td></tr>
</table>

合成就是将不同的元素重新经过创意组合，并形成一个新的画面。在设计中是最常用的技能，它的适用范围很广，只要有元素需要拼合的地方就会有合成存在。随着电商的发展，视觉标准越来越高，行业对合成的要求也越来越高。合成涉及的工作步骤比较多，包括前期构图思考、场景搭建，再到光影的处理和透视的处理等等，在这些较为基本的技术部分解决以后，还要思考画面主体是否足够突出，画面传递出来的氛围是否是符合需求的。

合成也从最初的仅仅靠PS就可以完成，发展到如今可能需要AI、C4D等多个软件的协同工作，合成是电商设计师的必修课。合成并不仅仅适用于大型的场景搭建、创意画面，一些更细分的工作领域，比如精修，是运用了合成中的光影部分的知识。设计技能和思维在工作中都是相通的，如果你精修比较弱，思考一下是不是光影部分的知识比较薄弱；如果合成比较弱，是否透视比较差？

### 7.3.1　什么是透视

透视是指在平面上描绘物体空间关系的方法或技术，即通过特定的倾斜角度得到视觉上的空间感。透视不仅可以使物体看起来多维、饱满，还可以用来制造聚拢感、距离感和空间感。

比如一个正方体，当我们站在不同的角度看它时，它会呈现不同的形状（图7-55）。

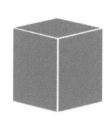

图7-55　正方体不同角度的状态

透视是合成工作中最重要的部分，我们需要在二维的画面中创造出来三维的空间关系。透视表现有三个常见的手法：

①近大远小。两个体积相同的物体一个在你眼前，一个在50米外，是不是近处的看上去大呢？

②近宽远窄。例如立方体透视图中近处的那个边就比远处的边宽。还有你站在铁路中间往远处看，是不是铁路会越来越窄？

③近实远虚。距离你近的物体相信你会看得更清晰，远处的就比较模糊。

### 7.3.2 怎样运用光影关系

什么是光影？光影是指物体在受到光源照射时所产生的明暗关系。我们观察下方两张图（图7-56），左图的光照方向和投影方向是统一的，而右图的光照和投影关系是错误的。我们在做合成的时候，只有将光影统一，画面才更符合自然规律，看起来也才会更加真实。

图7-56　正确光照方向和错误光照方向

常见的光源主要有两大类：自然光和人造光。

①自然光：自然光一般指非人造光源发出的光线，最大的自然光来源就是日光，其他的例如火光、雷电的闪光也都是自然光。

②人造光：大部分指在拍摄的过程中，摄影师布置的光源，例如摄影灯、蜡烛、其他发光光源等。使用人造光可达到更好的拍摄效果。

无论是什么样的光，在设计进行中，我们都需要给主光源做一个设定，因为主光源直接决定了物体会呈现什么样的光影效果。特别是当画面出现多个物体的时候，只有确定了主光源的位置，才能使画面的光影统一（图7-57）。

图7-57　自然光和人造光

除了掌握基本的透视和光影关系，还有下面几点是我们需要注意的。

**（1）色调合理**

观察图7-58（a），有许多从不同的图片上抠出来的素材，将它们按照透视关系安置

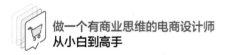

在画面中，仍然会觉得不协调。原因是即使元素都按照透视关系排列好了，但是画面是暖色调，是一个黄昏的氛围，但是动物和轮胎都还是冷色调，这跟画面的色调氛围是不统一的。图7-58（b）将色调做统一调和就会更符合事实，看起来也就更加真实了。

（a）                          （b）

图7-58  不合理色调和合理色调

**（2）细节合理**

对比观察图7-59，我们会发现右边比左边更真实，同样是放在桌面上的两杯饮料，左边杯子中的冰块看起来好像金属质感更强烈一些，边角更硬一点。我们从生活常识中理解这个画面，冰块进入水中是会融化的，边角会变得更加圆润，另外冷的物体放在热的环境中，物体表面会结一层霜，右边杯子表面增加了水珠模拟这种冷热的氛围，所以我们会感觉右边的画面更真实一点。

（a）                          （b）

图7-59  不合理细节和合理细节

**（3）氛围合理**

在素材拼合完成以后，我们需要渲染画面氛围，这个时候要注意画面氛围的渲染要合理、贴合主题。即使是同样的元素、同样的画面，也可以营造出来不同的氛围，这就跟设计师的思考方向和对需求的理解有关了。

图7-60（a）是比较温馨的氛围，小朋友和小熊一起在找寻什么，图7-60（b）的氛围就有一点诡异、压迫，更像是恐怖电影里面的场景。这两种氛围没有对错、好坏之分，不同的需求需要不同的氛围。

（a） （b）

图7-60 温馨氛围和诡异氛围

## 实例5 | 奶粉创意海报合成

这个案例是一张合成海报，着重拆解合成思路和元素间的光影关系（图7-61）。

图7-61 奶粉创意海报合成效果

**设计要求**

通过对场景的搭建，表达奶粉的天然、品质可贵。

**文案内容**

珍稀A2，食（实）力呵护，京东A2奶源节。利益点预留（促销信息预留，考虑到活动信息未确定或者还会变更，将位置留出来即可）。

**思路拆解**

通过跟客户的沟通，画面需要有自然的元素——天空、草地、白云，同时画面中要有元素呼应产品的品牌色金色。因为是品牌促销海报，希望有多种产品堆叠展示，这样可以更好地营造热闹的气氛。

一般大型的场景合成海报会耗时较长，后期修改比较麻烦，那么我们就尽量在设计工作开始前跟客户确定创意方向，这样能尽量保证不会做太多无用功。

**设计执行**

跟客户沟通完之后，有了下面这张草图（图7-62）。

图7-62　**构思草图**

通过草图确认了构图和文案信息的层级关系。然后就是软件中的实操部分。

**步骤拆解**

**（1）制作天空背景**

① 新建1920×876的画布（图7-63）。

② 填充天空的颜色，在背景中做一些光源，确定整体的光源方向（图7-64）。

③ 丰富一下天空背景，增加阳光和白云等素材（图7-65）。

图7-63　**新建画布**

图7-64　**天空与光源**

图7-65　**丰富天空背景**

**提　示**

这里光源的混合模式是强光，蓝天的混合模式是浅色，不同的图层模式可以混合出不同的效果，这里可以多做尝试，找到最合适的叠加模式（图7-66）。

图7-66　**调整混合模式**

（2）绘制金币

① 金币由上面的椭圆面和厚度面组成，金币的造型绘制出来以后要给金币添加材质，因为是金属材质会有反光，新手对如何绘制光源、反光可能比较迷茫，可以搜一些金币图片参考，再根据自己画面的光源设定，将金币的光泽感绘制出来（图7-67）。

② 绘制金币下方的投影，让金币在环境中更加真实。一个真实的投影会由三大部分组成，分别是：接触面投影、轮廓投影、弥散投影。这三大部分可以通过多个图层的叠加完成，直至画面表现令你满意。阴影的混合模式为正片叠底，倒影的是叠加（图7-68）。

图7-67　刻画金币

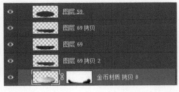
图7-68　绘制金币的投影

（3）制作山体效果

① 将土地和高山的素材拖入画面，山的结构分为两部分，分别是近处的山和远处的山。远处的高山不透明度设置成75%。调整不透明度的原因是，山在远处，按照近实远虚的原则，远处物体的对比度会变弱（图7-69）。

图7-69　添加素材制作山体

② 接着给画面添加各式各样的云，直接搜索素材即可（图7-70）。

③ 强化近景。通过调整对比度，叠加图层模式，使近处的山颜色更加靓丽，两部分山体的融合更加自然（图7-71）。

图7-70　添加云素材

（4）制作光照效果

① 接下来加入光线，这样就有高原灿阳的感觉了。

合成主要是融合画面里的各种元素，每一个元素相互之间都会有影响关系，我们要通过新建立的画面关系，让这些元素在一起更加协调（图7-72）。

图7-71　调整景物对比

② 光线的加入，使山也有了受光面，光线照射位置提亮（图7-73）。

③ 同样被光照射的云也有影子，这里画得随意一些，因为云本身就是在飘动的（图7-74）。

图7-72　添加光线素材

图7-73  调整光线素材

图7-74  表现云的影子

### （5）质感细化和营造周边

① 接下来继续增加前方草地的真实感，找到一些泥土沙石的素材，从边缘位置开始处理，让草地更加真实（图7-75）。

② 继续添加河流，还是通过添加素材，找到一块带水流的土地，用蒙版擦到我们想要的形状（图7-76）。

③ 合成中较难的部分就是处理不同元素之间交互的转折关系，这里想要金币的边缘跟湖泊交融，并且更加有细节，金币边缘可以用钢笔工具勾画出不规则的线条（图7-77）。

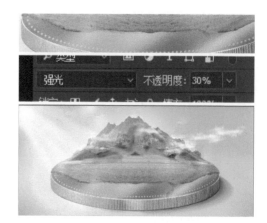

图7-75  添加泥土沙石素材

④ 每一个新的元素进入画面都会和之前的元素有关联，接着细化水面的表现，做出水面映射天空和陆地的样子（图7-78）。

图7-76  添加河流素材

图7-77  处理元素交互细节

图7-78  表现水面

⑤ 导入水的素材，这里图层要变亮，不透明度设成70%，接着加一些水上的波纹和陆地的倒影，这样看起来更加真实（图7-79）。

⑥ 用灰调将整体色调调整一下（图7-80）。

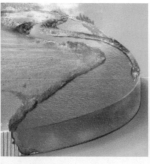

图7-79　添加水素材　　　　　　　　　　　图7-80　整体色调调整

（6）添加产品和人物素材

① 这里要注意产品跟地面的投影关系、产品的光源方向要统一。整体思路和光影绘制跟草地是一样的，这里就不再赘述（图7-81）。

② 添加文案（图7-82）。

图7-81　添加产品素材　　　　　　　　　　图7-82　添加文案

（7）制作文字的立体效果

① 给每一个斜面加上阴影体现厚度（图7-83）。

② 加一层轮廓颜色（图7-84）。

图7-83　文字添加厚度　　　　　　　　　　图7-84　文字添加轮廓颜色

③ 为文字做出倒影，不透明度设为20%，用蒙版擦出渐隐（图7-85）。

④ 细化字体细节，加入利益点文案（图7-86）。

图7-85　文字添加倒影　　　　　　　　　　图7-86　加入利益点文案

### (8) 添加氛围元素

① 添加热气球素材，热气球依然用灰调擦出受光面与阴影面（图7-87）。

图7-87　添加热气球素材

② 调整整体画面，完成图片创意合成的制作（图7-88）。

图7-88　调整整体画面

具体步骤
▶ 请参考视频 ◀

# 第8章　电商产品主图和直通车图设计

随着我们的生活节奏越来越快，电商消费的节奏越来越快，直播带货、各类种草平台，以及各种新的购物方式出现，大家逐渐对长篇的详情页失去耐心，很多时候来不及划到下面的详情介绍，就将页面关闭。

大数据显示，详情页的打开率越来越低，为了能迅速地抓取到点开产品的有效转化，主图就成了商家的重点优化对象。

## 8.1 ｜ 设计师的运营思维：主图／直通车图

做主图最重要的不是设计师思维，也不是运营思维，而是用户思维。用用户思维做主图才是设计师应该具有的思维方式。听起来好像绕口令，说大白话就是：你把这个产品图做到想买的人心里去，不要一味地追求画面好看或是阐述功能。

设计师的成长有三个阶段：1阶段是设计师思维，就是只想着怎么把这个东西做好看；2阶段是产品思维，也叫运营思维，就是只想把这个产品的功能卖点介绍得特别完美；

3阶段是用户思维,这个时候是从用户角度思考问题,这个产品能给用户带来什么好处。

举个例子,一个加湿器,设计师来设计的时候就想着怎么把这个产品设计得高大上,产品经理就想着怎么把这个产品的卖点讲得更多更丰富,但用户只会考虑买这个产品有什么用。所以我们在做设计的时候不是将产品主图像说明书一样地呈现在买家面前,而是告诉他们拥有了这个产品就会得到什么。

### 8.1.1 主图

打开任何一个产品链接,在页面顶端有五张可切换的商品图,即商品主图(此处以淘宝网为例,拼多多则有10张主图)。其中第一张主图尤为重要,它不仅关乎点击,还关乎消费者对产品的第一印象,以及产品的促销信息等等。其他四张有的商家叫作副图,一张主图和四张副图组成一套完整的主图。主图通常是这款产品的核心卖点提炼,不仅要求能对产品有尽量完整的介绍,还要能将重要内容表现出来。

各大电商平台网上的主图都是大同小异的,基本内容涵盖:产品图片+价格+卖点+活动利益点。主图本身篇幅较小,画面又小,非常容易被过多的内容塞得很满,内容越多越满就越容易造成商品被掩盖,因为想要展示的内容越多,就越容易失去焦点。同时,主图与同类产品的主图相似度太高,也会造成主图不突出、没效果。

商品主图对商品本身来说是非常重要的信息传达媒介,一般承载着该商品的价格、销售数量、标题、款式、风格、颜色、造型、销售状态(如打折)等商品的属性与信息,能直接地影响消费者对于该商品的喜好程度,对商品销售起到重要的作用。商品主图还会出现在搜索页、首页、列表页、宝贝详情页这几个页面中,因此,做好商品主图是非常重要的一项工作。

网店商品的主图是消费者进入网店的入口,是网店流量产生的重要来源,商品主图必须充分展现商品的首要外观属性,同时要千方百计地吸引消费者点击商品主图来浏览商品详情页,促进交易的产生,要充分发挥商品主图的营销功能与品牌宣传的功能。

主图的作用如下。

① 吸引眼球。主图的设计讲究醒目和美观,具有差异化视觉效果的主图更容易获得人们的注意。

② 激发兴趣。主图的设计围绕商品的卖点,展示出商品的促销信息。

③ 促成点击。点击意味着会增加店铺的流量,有了流量才有促成交易的可能。

④ 完成转化。主图由多张组成,多张主图在一起形成了一个产品的微详情,好的主图可以完成转化的过程。

主图在整个产品链接里不仅具有提高点击率、提升转化率的功能,对于一些品牌而言还要能传递出品牌调性。主图也是流量入口,代表着店铺的人群标签特征。主图的点击率,直接影响了商品获取流量的能力,想要有一个持久的爆款少不了一张个性的主图。

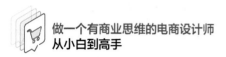
不管是标题中的关键词，还是营销宝中的关键词，都必须以围绕主图为根本，相关性越强，搜索流量越精准，形成的市场反馈越好，店铺、商品的流量越高（图8-1）。

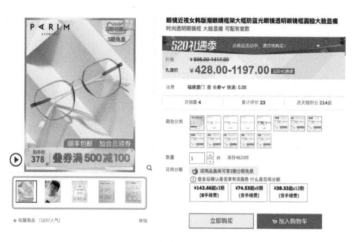

图8-1　淘宝主图图示

## 实例 1 ┃ 腰带图

腰带图是主图中常见的一种类型（图8-2）。

腰带位置通常会放置利益点，腰带色块比较明显，能让用户一目了然获取这张图的重点。但主图的设计重点还是应该放在画面上，腰带部分只是辅助信息的展示，如果一张主图质量不行，腰带做得再花哨也是不行的。

### 8.1.2　直通车图

要了解直通车图就要先解释一下什么是直通车。直通车是为电商卖家量身定制的，按关键词竞价，按点击付费的营销工具。对于直通车图来说，关键的是点击率，高点击率意味着宝贝受买家的欢迎，对店铺来说，意味着更好的投入产出比，更高的回报率。

图8-3和图8-4分别是电脑端直通车图和手机端直通车图常见的位置展示。

图8-2　腰带图

图8-3　电脑端直通车图　　　　　　　　图8-4　手机端直通车图

　　既然直通车是收费的广告，那商家自然就要追求回报率。这个回报率反映到设计岗位上，就是点击率了。直通车图很多时候起引流的作用，高点击意味着高回报。直通车图在一些类目上还具有其他的功能，比如选款、测款。

### 8.1.3　主图与直通车图的区别

　　共同点：都是提高点击率，关键要素是一样的。

　　不同点：主图关系到品牌形象与品牌定位，不能是"牛皮癣"，并且关系到产品的搜索权重，不能频繁更换，而直通车图一般会频繁更换。

　　那么，主图可以促进转化，直通车图可以引流，这两处图片的功能就是完成从引导顾客到顾客下单的过程，所以也难怪运营每天都在跟美工"斗争"了，其实他们真正斗争的是数据。运营要数据，美工会优先追求设计表现，至此，沟通的矛盾就出现了。

## 8.2 ｜ 主图/直通车图常见设计技巧

　　站在设计师角度，我们会看它的构图，看它的配色，看它的画面主次关系，然后才会去关注产品本身。然而主图扮演的可不是"一幅作品"，给你足够的欣赏时间，而是需要在尽可能短的时间内抓住顾客眼球，让他们愿意去点击那一下。

所以，主图这种功能大于颜值的项目，它的好坏是用数据来判断的，点击高的就是好，点击不高的就是不好。只不过作为设计师，我们希望它不仅点击好，设计也足够好，这样才能满足我们小小的虚荣心，说这是一种对职业的尊敬也不为过。

电商刚刚兴起的时候，淘宝平台充斥着大量低质量的图片，卖家想方设法地用各种奇奇怪怪的图来博取点击，但慢慢都被淘汰了。

全民的审美都在提高，电商的环境也不会让这种小偏门横行，结合自己的审美加上对产品的理解，终究可以做出来既美观，数据又漂亮的图片。

### 8.2.1 主图常用的设计版式

主图的篇幅小，内容有限，常用的版式是以下三种，无论是哪种版式都是要展现产品主体（图8-5）。

（a）上下　　（b）左右　　（c）腰带

图8-5　主图常用版式

常用的版式分别是：上下结构、左右结构和腰带类。图8-6是几个主图范例。腰带的内容一般用来写活动信息或者利益折扣。

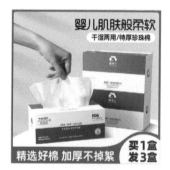

图8-6　主图范例

### 8.2.2 如何制造差异化

**（1）从颜色方面**

了解完竞品的图片环境后，先找出有差异化的颜色，这里用到的知识是我们前面讲到的色相环中的对比色，对比越明显，差异越大。这里要注意的是你可能同时找到好几个对比色，我们还要从中筛选适合人群特征的颜色，比如男性，那就避开粉色系。

这里以一张洗脸巾的主图为例（图8-7）。

单独看这张图好像并没有什么问题，我们通过对竞品关键词的搜索可以看到以下结果（图8-8）。

图8-7　洗脸巾主图

用PS将主图"P"到这个画面里，然后再根据产品的品牌颜色，给画面重新做一些调整，再将改过的主图放到画面里。图8-9是主图调整前后的效果。

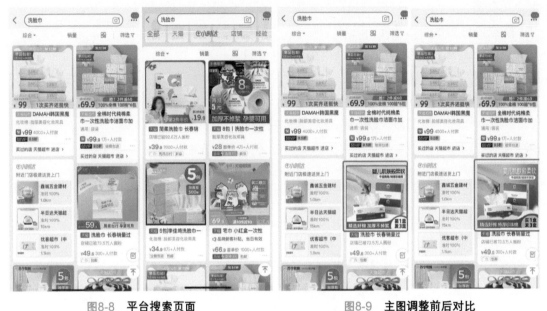

图8-8　平台搜索页面　　　　　　　图8-9　主图调整前后对比

通过简单的背景颜色修改，可以将原来的主图变得更加醒目，跟周围的产品形成差异化（图8-10）。

**（2）从构图方面**

如果竞品都是左右构图，那么可以考虑上下构图，或者对角线构图等。

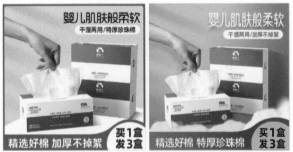

图8-10　背景颜色修改前后对比

**（3）从组合方面**

大多数产品都会有几个SKU（不同的颜色或者略有差异的造型），如果竞品是单个展示，我们则可以多个展示，反之亦然。

**（4）从文案方面**

如果同行都在一本正经地叙述功能，我们则可以用用户的情感表达，比如在父亲节卖保温杯，竞品文案"高端定制父亲节款"，我们则可以写"老爸爱喝茶，送他保温杯吧"，不仅文案更有温度，还能起到帮助决策的作用。

还有一种情况就是手中的产品素材特别差，以图8-11为例。

图8-11　口水巾产品图

**设计素材**

以口水巾为例，图8-11是设计前的产品图素材。

**设计分析**

根据客户提供的产品关键词"口水巾""婴儿"，搜索一下竞品的图片表现（如图8-12），对比拍摄表现，没有优势，图片既拍得不好，也没有模特加持。这种情况就只能打破图片布局，重新设计背景元素了。

观察自身的产品图片，设计图片的时候正好是夏天，因为跟季节关联比较强，选择了产品图中的西瓜款；又因为天气炎热不适合做太暖的颜色，可以选择的颜色就只有蓝色和绿色系。蓝色系竞品用得比较多，如图8-12，绿色正好又能跟西瓜搭配上，所以选择了绿色系。

**设计思路**

这里的主图背景是找到的素材，进行改色处理，将主体产品摆放好之后，需要根据画面安排合适的素材，这样一张同时具备夏天属性又能兼顾差异化的图片就做好了（图8-13）。

图8-12 **产品相关竞品**

图8-13 **口水巾主图设计效果**

**设计过程总结**

① 挑选素材中表现力较强的产品。

② 打破重组，这里要求观察素材、提取素材的能力比较强。

③ 结合产品选择合适的背景。

④ PS融图。

**设计效果**

通常在主图取得不错的点击率之后，说明我们的执行思路和大概方向是对的，我们会紧接着做一批具有类似视觉效果的主图放上去测试（图8-14）。主图优化是一个不断试错、优化、调整的过程，没有最好，只有更好。

图8-14　类似风格主图

## 8.3 | 主图/直通车图常用的表现形式

不同类目的主图会稍有不同，比如服饰类的不需过多的文字卖点，主要以展示款式为主。而电器类的则有大面积的文案卖点和利益信息。通常来讲，标品（规格化的产品，可以有明确的型号等，比如笔记本、手机、电器、美妆品等）的主图设计会比较复杂，而非标品（例如女装、女鞋行业，一样的款，但是因为做工质量不一样，价格也可以是天差地别，而且对于非标品产品自身的款式、创意、服务等的附加值很高）则更加注重产品本身的款式表现。

常见的主图形式有4种，依次是利益点露出为主、卖点露出为主、产品展示为主、活动内容为主（图8-15）。

图8-15　常见的主图形式

常见的是图8-15前三种主图形式，最后一种活动内容型的，通常出现在各大电商大促的时候，以更丰厚的赠品来吸引消费者点击。

另外同样的产品在面对不同的消费人群时，表达手法是完全不一样的，就比如图8-16中的范例，这也是前面讲的不单以画面的美观程度来判断这张主图

图8-16　同种产品不同表达手法

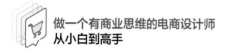
的好坏。

同样都是卖苹果，左边主图营造的是一种朴实、自产自销的感觉，而右边则是典型的商超风格。这几种风格没有对错，只有适不适合。

虽然我们在设计主图的时候尺寸非常大，像素可达到800×800，但实际在手机端或者电脑端展示的窗口都是非常小的，正常人在浏览手机的时候，眼睛与手机的距离大概是20厘米，再加上制作时的视觉感受与上线后的视觉比例也会有一定的差距，所以手机端传达给用户的画面和信息就跟我们在软件中制作的比例不太一样（图8-17）。

图8-17　主图尺寸比例

## 8.4　主图／直通车图的制作思路

在设计之前，我们先挑选素材。这里注意：一定要避开不清晰、粗糙、不易展现产品优点的素材。一张高清的、高品质的素材图，是好的点击率的开始。

挑选完素材之后，我们就要明确这张主图的目的，是展示产品形态特征，还是主要说明利益点，因为主图实际在用户手机上的显示面积非常小，如果我们安排了很多的文字内容，实际效果就会是密密麻麻的一片文字，什么也看不清。这个时候就一定要明确当前主图的主要功能，才能更好地在画面上安排我们的文案信息，进行排版。

同一个产品可能会有不同的需求。

① 同样的产品优先表达卖点。重点介绍产品卖点的需要将有关功能和产品信息的文案放大。

② 同样的产品优先表达活动内容。活动内容一般以腰带或者标签的形式出现，在画面上是比较明显的色块，活动时常用这类手法。主图展示篇幅比较小，有主要内容——活动信息后，卖点、功能部分的文案就会相对被弱化。

③ 同样的产品优先表达背书。有关明星代言、获奖证书、销量排名、专利等的信息都可以作为背书，用背书内容强化产品，也会让买家更加信任。

## 8.5 │ 常用的高点击率的主图设计思路

没有任何一个设计师可以保证设计出来的图片一定是高点击率的，我们只能通过对产品的理解，对用户的理解，对竞品的分析，再结合自己的专业知识，尽量摸索到一些高点击率图片的规律和表达方式，进而做出点击率较高的图片。大多数时候用一张图片来测试点击率是不够的，所以我们通常都需要做好几张，甚至几十张，通过不停地试错来取得更好的结果。成熟的有经验的设计师会尽量降低这个试错的成本，让设计变得更加有效。

高点击率的图片都有一个共同的现象，就是差异化。差异化涵盖的面比较广，我们这里说的差异化指的是图片看上去和别人的不同，有明显的区别。这种不同可以是颜色上的，可以是情感表现上的，可以是设计形式上的，等等。

电商设计里面有一句话"好看的图点击率不一定高"，好巧不巧，我碰到了好几次。

以图8-18中的拖鞋产品的需求为例进行分析。

图8-18 拖鞋产品图

**产　品**

拖鞋。

**卖　点**

防滑、柔软。

**思路还原**

① 在手淘搜索页面搜索产品方给的关键词"拖鞋防滑"（图8-19）。

② 浏览分析竞品主图现状，我们发现现有竞品的主图五彩缤纷，颜色非常多。

③ 本款产品的颜色也是比较多的，产品方推荐了绿色作为主色，一是因为这个颜色市场上比较少，二是这个颜色家居感没有那么重，可以外穿。

④ 当时做这个图的时候，韩国一个明星穿了一件牛油果绿色的T恤，非常火，所以设计就想到了直接用流行色大面积铺开。别的店铺都是非常复杂的配色，为了区别我们就做了极简风格的。

⑤ 主图初稿做完后可以截图放在手淘页面上看一下大概的效果，检查是否足够醒目、是否有差异化。

⑥ 文案其实并不是原创，当年耐克出了一款运动鞋，是有气垫的，国内没有发售。笔者在外网上看到了"踩屎感"这几个字，觉得非常有画面感，就记了下来。

后期复盘笔者总结为三点：

① 产品本身的差异化（厚底，牛油果绿），产品方选款的眼光比较独到。

② 大胆用了纯色大面积铺开的表现，形成了巨大的差异化。

③ 文案"踩屎感"的超级赋能，三个字能让人有画面感，甚至有直接的体验感，而且印象极其深刻。各种条件加在一起，也就是我们常说的天时地利人和吧，出了一张爆款图，还顺便出了一个爆款词。

图8-19　手淘搜索页面

设计师的爱好或良好的工作习惯可以提升其设计软实力，它是一种非软件的技能，甚至是跟设计无关的。比如追星，比如二次元，比如喜欢关注各种时尚产物，或者是特别的运动喜好，都会为你的设计赋能，它能让你抓住一些设计这个职业让你看不到的内容，就比如"初音""踩屎感"，设计师的职业习惯也让笔者养成了看到好的、新奇的事物顺手保存下来的习惯，不知不觉养成的习惯作用很大。

第一版主图做完了之后并不是工作就到此为止了，而是需要设计人员跟进和不断地更新。因为很快，你的图片和你的款式就将被全网复制，这是无法避免的。如上面拖鞋的主图，后续笔者对这款拖鞋的主图进行了跟进优化（图8-20）。

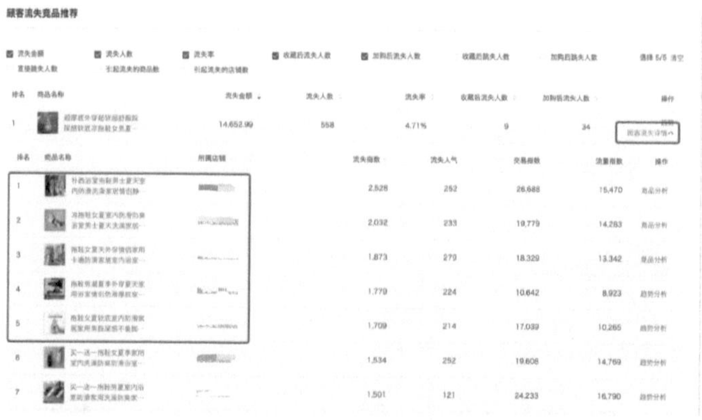

图8-20　顾客流失详情页

通过淘宝后台的生意参谋查询数据，看下流失情况，分析下流失原因。碰到一个负责的产品运营，愿意跟设计分享数据，运营的知识加上设计的知识，通过各自的专业和共同努力改变数据，就真的是"设计赋能"了，这也是我们常听到的做有用的设计（图8-21）。

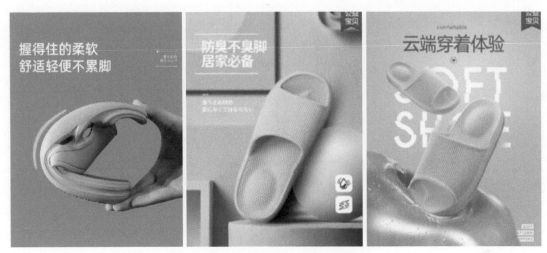

图8-21　后续优化的主图和详情首屏

除了差异化，总结一下高点击率主图的其他特征。

**（1）产品突出、主体大**

产品占比要大，让消费者第一眼就看到展示的是什么。很多时候设计师从软件中看产品展示已经很大了，但因为现在消费者基本都是在手机端浏览，所以也许你认为的大还不够大。

**（2）文案抓人**

情感化的文案更吸引人，比如"一片瘦10斤""宝宝可以放心啃的床"。不同的类目文案占比会稍有不同，服装类的主图文案影响不是很大，主要在款式上，不需要过多的文案，功能性的产品则可以适当增加文案占比。

**（3）设计风格和关键词匹配**

运营会在推广产品的时候加上很多后缀，比如"简约""北欧""中国风"，在设计的时候可以匹配这些词的后缀进行风格上的延展。如果你的关键词带有"中国风"，但你做了个很欧式的设计，那就适得其反了。

**（4）有舍有得**

每一张图吸引用户都是在极短的瞬间，过多的内容会让画面失去焦点，内容没有主次。营销学上有三秒法则：买家看到你的主图最多停留三秒。三秒能吸收多少文案？买家选择你可能只是因为其中的某一点，不要想用一张主图迎合所有人。

## 实例 2 ｜ 用 PS 制作日用品主图

以图8-22洗脸巾产品为例。

通过对行业和竞品的分析，此类产品多是打造柔软、厚实、亲肤的卖点。我们这款产品的色调也在前期定下来，跟同类产品并没有很大的差异性。主图设计大致有两个方案，一是在原本的产品调性上延展，二是抛开产品调性只追求产品图片足够醒目、足够差异化。这里我们用第一种方案来做。

图8-22　洗脸巾产品图

**设计思路**

这个产品的卖点主打是：敏感肌可用。产品调性之前在详情页中确定过是这种蓝绿色调，那么由"敏感肌"和"研发"的文案出发，我们会在设计中加入实验室的元素，通过这类视觉元素的添加来打造差异化。

**设计要点**

在保证主体内容表达清晰的前提下，要做出视觉差异化。由于主图篇幅过小，元素添加要适当，不然画面容易乱，主要信息不突出。

**页面分析**

根据客户提供过来的产品图，选择一张角度比较利于产品表现的，产品图都是外包装，缺少产品露出，这个部分要通过后期来弥补。

**步骤拆解**

① 用矩形工具新建一个贴合产品颜色的背景（图8-23）。

② 产品想放上去肯定下面要有一个面托住，所以新建一个白色矩形放在背景上（图8-24）。

图8-23　新建背景

图8-24　调整背景

③ 把产品和一些装饰元素放上去，增加实验室的氛围（图8-25）。

④ 现在画面的前后关系已经有了，但笔者想让它再加强一些，所以选择加一个玻璃板。

把这张素材拖入PS保存为psd文件，把背景的绿色矩形加一点纹理或渐变，然后转化为智能对象（图8-26）。

图8-25　**添加产品和装饰元素**　　　　　图8-26　**添加纹理素材**

⑤ 选择滤镜里的扭曲—置换，数值可以参考图8-27。然后点击刚才的黑白纹理文件，就有效果了。

⑥ 再加上准备好的玻璃纹样样机，图8-28是使用效果。

图8-27　**纹理素材执行滤镜**　　　　　图8-28　**添加玻璃纹样样机**

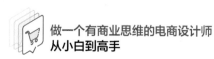
⑦ 给玻璃添加厚度。画一个白色矩形，选择混合模式为柔光（图8-29）。

⑧ 再新建一个图层，按住Ctrl+Alt+G剪切进去，混合模式选为叠加。按住Ctrl点击刚才的矩形图层，在新图层上填充白色，将选区向右移动几个像素，删掉选区内的白色，点击滤镜里的模糊—高斯模糊，高光边就出来了（图8-30）。

图8-29　玻璃添加厚度

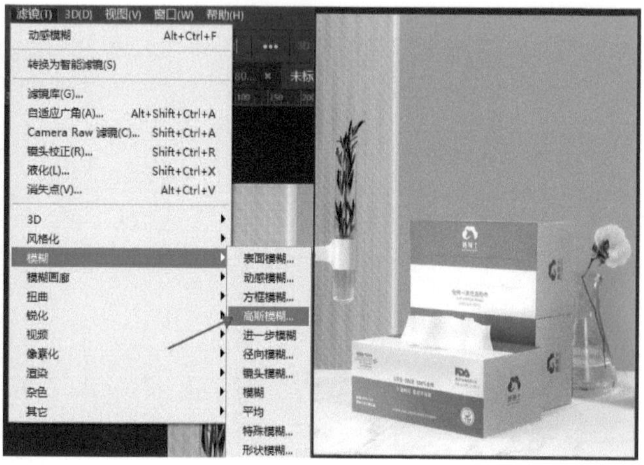

图8-30　制作高光

⑨ 现在开始加投影和调整产品颜色，使其更融入背景。把这个绿色植物用滤镜里的camera滤镜调一下，把元素里的蓝色、黄色都向绿色调一下（图8-31）。

⑩ 光源我们设置为在左上方，所以投影肯定在右侧。在元素下面新建一层，按住Ctrl点击植物元素提取选区，填充灰色，向右下方移动一点。混合模式选为颜色加深，不透明度调为70%。再点击滤镜—模糊—动感模糊，数值给一点就可以（图8-32）。

图8-31　调整产品颜色

图8-32　制作投影

⑪ 调整产品。在下方新建一层，按住Ctrl提取产品选区，填充一个比地面深一点的灰色。模式选为正片叠底，选择滤镜里的模糊—高斯模糊，数值为1左右。还可以向下移动一两个像素，这样接触阴影就做好了（图8-33）。

⑫ 拖动投影。把刚才的投影复制一层，按Ctrl+T向右下方拖拽。然后点击滤镜里的模糊—动感模糊，数值大一点，混合模式依然是正片叠底，不透明度的数值是36%（图8-34）。

图8-33 **调整产品**    图8-34 **复制并拖动投影**

⑬ 强化产品的明暗关系。新建一层提取产品的选区，按住Shift+F5键添加50%灰色，混合模式为柔光，选择黑白画笔，用白色擦亮面黑色擦暗面，画笔不透明度数值调整为10%（图8-35）。

图8-35 **调整产品明暗**

⑭ 调整一下产品颜色。基本里的曝光、对比度等拉一点点。混色器里把黄色向绿色拉下，浅绿色的饱和度提高一下（图8-36）。

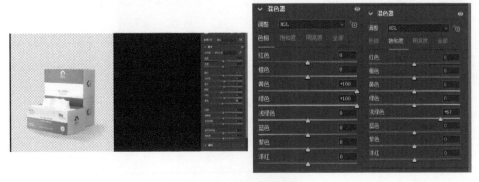

图8-36 **调整产品颜色**

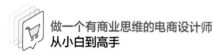
⑮ 接下来调整后面的玻璃器皿，还是同样的调色方法（图8-37）。

⑯ 在背景上保证图片整体的合理性。玻璃板后面拉选区，填充深色，混合模式为差值，不透明度 56%（图8-38）。

图8-37　调整玻璃器皿　　　　　图8-38　添加玻璃板的投影

⑰ 产品后面用深色。混合模式选为颜色加深，不透明度22%。再新建一层，选择画笔用背景色在右上角点几下，混合模式为滤色（图8-39）。

⑱ 这里的文字用了图层模式里面的斜面和浮雕，双击文字进入图层样式选用斜面和浮雕以及投影，具体参数如下（图8-40）。

⑲ 复制一层，双击进入图层样式，添加斜面和浮雕以及描边，数值可以参考图8-41。不透明度调为34%。

图8-39　产品后面背景加深

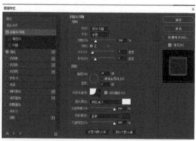

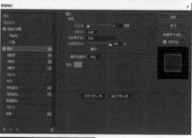

图8-40　添加文字并调整　　　　图8-41　文字添加效果

⑳ 完成上述操作后，目前的画面效果如图8-42。

㉑ 按住Ctrl+Alt+T盖印一层，选用滤镜里的Camera Raw滤镜，在基本里调一点高光对比、黑白高光，让黑白关系更明显一些。然后把混色器里的绿色和浅绿色拉一下（图8-43）。

图8-42　完成画面排版　　　　　　　　　　图8-43　调整整体画面

㉒ 完成所有操作后，检查整体画面效果是否和谐统一，完成制作（图8-44）。

具体步骤
▶ 请参考视频 ◀

图8-44　洗脸巾主图设计效果

## 实例3 ┃ 用 PS 制作美妆类主图

以图8-45洁面乳产品主图为例。

**案例分析**

　　文案：净颜修敏，肌肤无负担；安心氨基酸洁面乳；日本配方，植物抗菌，15种氨基酸。设计一张750×1000的手机端主图。

**设计思路**

　　观察文案和产品，都有跟日本相关的元素，而品牌主打的也是日系温和护肤，画面就要带一点点日系的感觉来匹配文案和品牌调性。

图8-45　洁面乳产品图

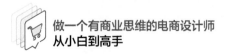
设计要点

作为一张主图，给到的文案信息过多，就必须要重新排列层级关系，将重要内容突出，不重要的内容可以放小带过。本案例将文案内容梳理后重新分一下主次关系，按照重要程度由上至下排列：

① 净颜修敏，肌肤无负担。

② 安心氨基酸洁面乳。

③ 日本配方，植物抗菌，15种氨基酸。

页面分析

在做主图的时候，虽然要有差异化，但是不能太过偏离品牌调性。一个品牌的产品，虽然多样，但是看起来整体感觉是要相似的。

设计执行

（1）找素材

根据产品的特点找到合适的背景素材，这里搜索素材时搜索了"光影""C4D场景"关键词，平时注意找素材时的关键词积累，对后续提高工作效率是有极大帮助的（图8-46）。

（2）把产品放上去

通过观察素材样式，采用左右构图的方式——左文右图（图8-47）。

（3）调整产品环境色

图8-46　**背景素材**　　图8-47　**产品与背景结合**

直接把产品放上去很突兀，原因有两点：一是产品的环境色和背景的环境色不匹配，二是产品的光影关系跟背景的光源关系不一致。

可以点击产品图层选择图像—调整—匹配颜色，源那里选择现在的文件名称，图层里选择这个文件里要进行匹配颜色的背景图层。调节一下明亮度和渐隐数值，参数可以参考图8-48，就会出现融合的效果。

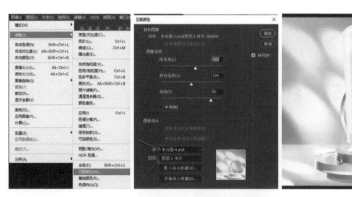

图8-48　**图像匹配颜色**

**（4）调整产品的光源方向**

通过观察可以发现光源是从左边来的，所以产品应该是左边亮右边暗，现在正好是相反的。新建一层透明图层，按住Ctrl点击产品素材图层提取选区，按住Shift+F5选择50%灰色填充上，图层模式选柔光，接着用白色画笔画产品的亮部，黑色画暗部，这样产品的光影效果就和背景一致了（图8-49）。

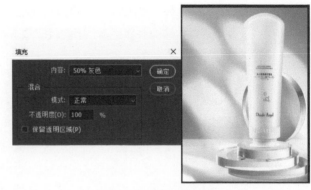

图8-49　**修改产品光影**

**（5）制作产品投影**

让产品在环境里看起来更真实。同样新建一层透明图层，提取产品选区，填充一个比背景深的颜色，混合模式为正片叠底，点击滤镜—模糊—高斯模糊，数值不要太大，一点几就可以，然后用蒙版擦除接触以外的地方（图8-50）。

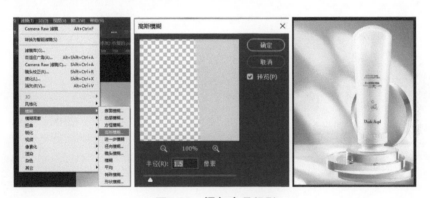

图8-50　**添加产品投影**

**（6）深入刻画投影部分**

把投影复制一层，按住Ctrl+T变换一下，向右侧倾倒，混合模式同样是正片叠底，不透明度降低一些，然后点击滤镜—模糊—动感模糊（图8-51）。

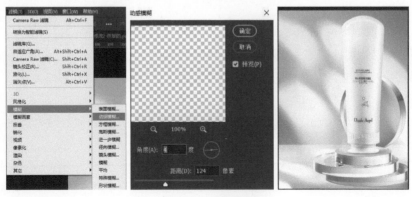

图8-51　**投影细化**

**（7）背景玻璃细节部分**

因为背景上是有玻璃的，所以肯定会有反射。把产品复制一层，执行滤镜—模糊—高斯模糊，数值拉大一些，向右移动一些距离，用蒙版擦除不在玻璃范围内的部分（图8-52）。

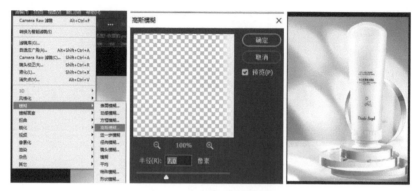

图8-52　制作玻璃反射效果

**（8）文案设计**

最后根据我们排列好的文案信息层级关系，将文案放上去就可以了（图8-53）。

▶ 具体步骤
请参考视频 ◀

图8-53　添加文案并排版

## 实例 4 ｜ 用 C4D 制作数码 3C 主图

以图8-54蓝牙耳机主图设计为例。

**案例分析**

文案：高颜值，时尚简致；双色可选，为每一天添加一丝别致。设计一张750×1000的手机端主图。产品没有实拍图，这里需要通过后期三维渲染完成从场景搭建到后期设计全过程。

**设计思路**

通过跟客户沟通，了解到这是一款面向年轻消费群体的蓝牙耳机，造型比较简约，风格属于偏时尚和可爱的类型。在了解了客户的诉求之后就对画面主色调有了大概的预判，色调应该是年轻时尚、活泼一点的。

图8-54　蓝牙耳机主图
设计效果

设计要点

产品比较简约，我们的场景搭建不宜太过复杂，一是跟产品整体风格保持一致，二是不至于抢了产品的展现。

页面分析

从产品的颜色中选择画面的主色调，注意把握配色的比例和整体的透视及光源关系。

设计执行

**（1）参数设置**

① 打开OC进入设置，选择路径追踪，最大采样设置为3000，GI修剪为1（图8-55）。

图8-55　**路径追踪设置**

② 摄像机成像里镜头选择Linear，就是正常的光，伽马数值设置为2.2，伽马是亮度的意思，镜头也是滤镜的意思，还有其他的一些滤镜大家也可以自己去试试（图8-56）。

图8-56　**成像镜头设置**

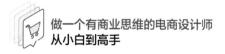

（2）场景制作

① 在素材里找到一个合适的场景，如图8-57所示的蓝牙耳机的主图场景。

图8-57　主图场景素材

② 加一个hdr调整到差不多的位置（如图8-58所示）。

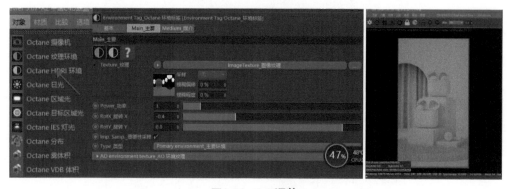

图8-58　hdr调整

③ 加一个太阳光，颜色里设置一下，旋转到合适位置勾选混合天空纹理，效果就出来了（图8-59）。

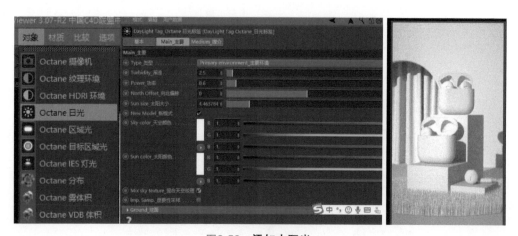

图8-59　添加太阳光

### （3）添加材质

① 给产品的外壳加一些粗糙度（图8-60）。

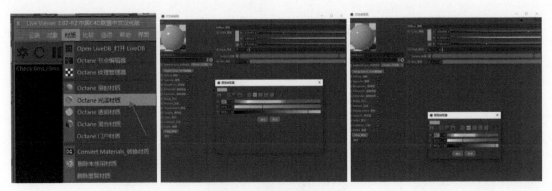

图8-60　产品外壳添加材质

② 给内壳材质加一些粗糙度（图8-61）。

③ 金属部分取消勾选漫射，镜面里的颜色接近白色就可以，索引改为1，加一点粗糙度（图8-62）。

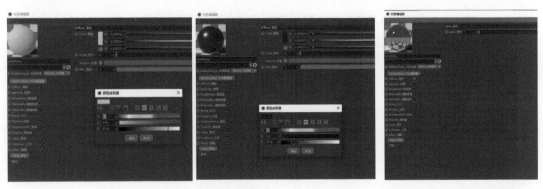

图8-61　产品内壳添加材质　　　　　　　　图8-62　金属材质调整

④ 再添加一个区域光，照亮粉色耳机的侧边灯光设置里调整功率，勾选表面亮度，可视里取消勾选摄像机可见性和阴影可见性，这样渲染视图里就看不到区域光了，但依然会有效果（图8-63）。

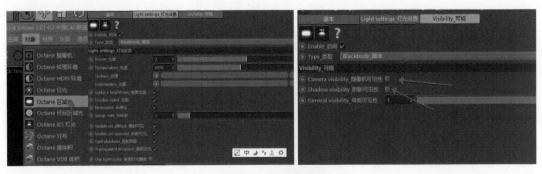

图8-63　添加区域光

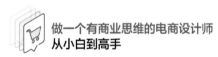

⑤ 接下来把材质都放到对应的模型上。有些是需要把材质放到对应选区上，双击这个三角，或者点击恢复选集再放材质就可以了（图8-64）。

⑥ 然后设置渲染输出的位置，进行渲染（图8-65）。

图8-64  材质与模型对应

图8-65  渲染设置

⑦ 渲染完成后再加上文字，完成制作（图8-66）。

图8-66  完成主图设计

▶ 具体步骤
请参考视频

技巧 ｜ **毛发的制作**

① 新建一个圆盘，放到贴近地面的地方，点击模拟—毛发对象—添加毛发（图8-67）。

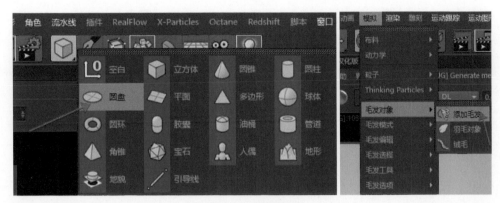

图8-67　添加毛发

② 引导线里毛发数量多添加一些，发根选多边形区域，相关参数设置如图8-68。

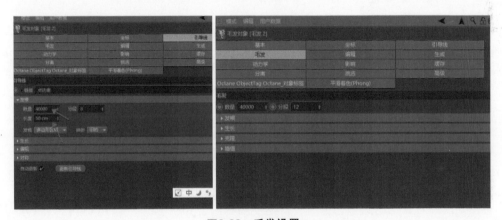

图8-68　毛发设置

③ 最后是毛发的形态设置，点开毛发材质球，这里的卷发、纠结、粗细等都可以试着调节一下（图8-69）。

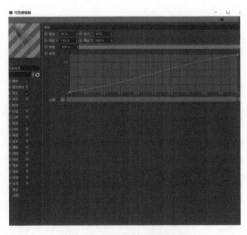

图8-69　毛发的形态设置

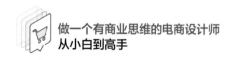

# 第9章　平面海报设计和Banner设计

海报设计是视觉传达重要的表现形式之一，其目的是通过图片、色彩、文字、空间等要素结合成的画面，第一时间内将人们的目光吸引，向人们展示出宣传信息。

## 9.1 | 平面海报设计与 Banner 设计的区别

广义上来说海报包括了Banner，只是在日常使用上对印刷制品、实体展示等，通常以纸媒为主使用的设计习惯称之为海报。

图9-1分别是张贴海报、户外喷绘、商场灯箱等海报设计应用范例。

图9-1　海报设计应用范例

而Banner一般单指在网页上面的横版广告图，现在也泛指所有在网页上"海报"形式的广告图。Banner常见的类型非常多，根据使用的场景和服务的对象不同可以大致分为下面三种类型。

（1）弹窗类海报

这类广告其实是有悖于用户体验的，多数人会觉得反感，但作为商业传播的形式，设计师要做的就是尽量通过有趣的画面设计，让信息在保证有效传递的前提下不被排斥。

（2）APP上的启动页

APP启动页是指打开APP时看到的页面，又称"闪屏"或"开屏"，是为了缓和用户等待APP内容展开时的焦虑感。淘宝、京东、抖音、微博等等就常用这个"黄金广告位置"来展示各种品牌、各类活动信息，用户通过点击启动页上的广告就可以进入相对应的活动页面（图9-2）。

（3）APP上的活动资源位

主要是指一些APP上的活动广告位置，如淘宝APP首页的轮播Banner。一般品牌会通过设计创意海报和活动信息来吸引用

图9-2　截图自淘宝APP
启动页

户注意，达到为活动引流的目的。这类的图片尺寸比较多，根据不同的APP不同的位置，后台都会有一些投放的尺寸要求。

APP上的类型很多，包括电商Banner、APP上的Banner、弹窗Banner、钻石展位/广告位4个类型，图9-3是日常工作中最常见的。

但是无论是线下海报还是线上Banner，其目的都是想在有限的空间内更好地宣传企业或产品，达到理想的传达目的，关键在于海报（Banner）的设计制作能否让观者准确地感受到设计者想要传达出的信息，能否在最短的时间内给观者留下深刻的印象。

图9-3　APP上的活动资源位

## 9.2 ｜ 平面海报设计

相比流媒体所使用的海报（Banner），涉及线下展示的海报除了要考虑设计美感相关的问题外，也要设身处地地考虑到海报在悬挂场合的明暗、距离、高矮等。举例，如果是一张超大幅的喷绘海报悬挂在较高较远的位置，那么相对应画面内的内容就不应做得过小或过于复杂难以理解，否则会让观者很容易忽略画面想要传达的内容。

在开始设计之前首先要核对新建文件的各项信息，针对不同的印刷工艺、印刷材质等设置对应的信息，需谨慎严谨地对待印刷文件，否则在印刷完成时出现错误是不可挽回的。

再之后是对海报所需要传达的内容的分析，一张好的海报能在最短的时间内传递出最多的信息，往往是一个画面就能够让看到的人心领神会。

### 9.2.1　平面海报设计的原则

#### （1）平面海报设计传达核心

很多初学者在执行设计的时候往往会走错方向，拿到一张图、一段文字一定要做出一些"花样"来，否则就感觉画面中的设计成分过低，但往往一张好的设计图更注重内容的传达。所有的设计手段和美化工作都应围绕设计之初想要传达的信息服务，不应为了设计而设计，在有限的版面中合理地组合好所有的设计元素及图形语言，使其能更好地实现画面的感染力和传达力。

#### （2）学会用设计思维思考

世间万物无穷无尽，设计师面对的主题也是无穷无尽的，如果在日常的工作中能够使用设计思维进行思考和总结就能做出更好的设计。设计思维的方法是使用创造性思维，并

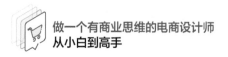

通过联想和思维发散整理出与主体符合的关键信息，再从各个信息中提炼出多个可执行的视觉元素，把这些元素进行多样的变化和组合，使视觉画面的氛围和感染力能够直接引起观者对主体的共鸣。

**（3）不要闭门造车**

多看一些同类风格优秀设计师的成熟作品，丰富自己的关键信息。设计不是闭门造车，所有的想法或是画面中的细节，都来源于你自己之前所见到的、体验到的，把这些感受总结成视觉语言融入画面当中会更好地帮助设计打动观者。

### 9.2.2 常规的平面海报布局方式

**（1）垂直布局：具有庄重、稳定、秩序相关的印象**

垂直布局（图9-4），就跟名字一样，整个版面从上到下排版。垂直布局是日常工作中较为常用也非常实用的构图方式，使用方法是将主要的内容在画面当中从上到下以一个垂直的方式分布排列。这样的布局会给人一种庄重、稳定、有秩序的视觉印象，信息的层次表达也非常清楚，核心内容突出。垂直构图也是在设计中最不容易出错的一种构图，但垂直构图虽然好用实用，却因为整体版面过于稳定平均，画面趣味性较为一般，使用不当的话会让人觉得画面死板。

（a）截取自KFC产品宣传海报 （b）垂直布局

图9-4 垂直布局范例

**（2）放射性布局：具有冲击、刺激、突破相关的印象**

放射性布局（图9-5）所营造的空间感更强，放射爆炸性的内容排版也可以起到刺激视觉的作用，有很好的视觉冲击力，容易抓住观者的眼球。这样的布局会给人一种冲击、刺激、突破的视觉印象，核心内容指向也非常突出，但这种布局方式不适合使用在一些严肃、叙述性的项目当中，会显得过于调皮，一来不适合大段阅读，二来会让人感觉不尊重。

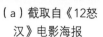
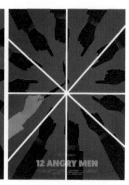

（a）截取自《12怒汉》电影海报 （b）放射布局

图9-5 放射性布局范例

**（3）折线布局：具有放松、随意、流行相关的印象**

折线布局（图9-6），视觉引导性较强，这样的布局在应用到设计当中时会让整个画面都放松起来，看似随意分布的内容却因为折线的引导使观者能很清楚地理解设计师希望他阅读的顺序，画面灵动不压抑，整体节奏感很强。但是这种布局同样不适合在一些严肃的项目中使用，而且对设计师的设计能力、内容层级提取能力有一定要求，做不好的话很容易让整个画面变得散乱无序。

**（4）纵深布局：具有冲击、刺激、突破、幻想相关的印象**

纵深布局（图9-7）有着很强的空间感，在二维的空间当中营造三维的感觉也是当下设计当中较为流行的手段，当二维的画面已经满足不了人们对美的追求的时候，人们就会尝试更多维度的突破。纵深布局多用于电影海报或者一些场景构成的设计工作当中，具有很强的强调主体的功能。画面的纵深提供了丰富的画面、尽可能多的细节，也能带来一些戏剧性的冲突和观看的趣味性，观者也会不由自主地脑补画面外空间的内容，会不由自主地进入到画面当中。

### 9.2.3 非常规的平面海报布局方式

**（1）圆形布局：具有柔和、突出、趣味相关的印象**

圆形布局（图9-8）同样具有很强的视觉冲击，但圆形布局给人带来的冲击的感觉是很柔和的，并没有直线类布局的那种速度、力量感。圆形本身就是一种温柔的表达，相对来说会中和海报媒介或常见排版中横平竖直的感觉。圆形布局用来突出主体是非常合适的，无论是文字排版，还是主体轮廓，在画面当中都是很突出的存在，适合用在一些需要强调但又不是那么粗暴直接的设计工作中。

（a）截取自KFC产品海报　（b）折线布局

图9-6　**折线布局范例**

（a）截取自《奇幻森林》　（b）纵深布局
电影海报

图9-7　**纵深布局范例**

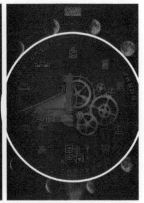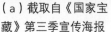

（a）截取自《国家宝藏》第三季宣传海报　（b）圆形布局

图9-8　**圆形布局范例**

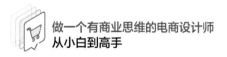

**（2）穿插布局：具有冲突、刺激、空间相关的印象**

穿插布局（图9-9）具有很强的轻空间感，与纵深布局那种强空间感不同，穿插布局不会改变太多画面当中扁平的印象，也不会有太多的透视影响画面，只是在排版当中增加了穿插关系，但画面的趣味性和耐看性大大提升，丰富的层次感也会让观者的视觉停留印象更好。

设计工作并非死板地生搬硬套，最后成品一定是以观者的感受为主，多种排版布局的方式也可以互相搭配使用，弥补单一布局视觉印象上的不足。

（a）截取自ONLAB　　　（b）穿插布局
设计作品

图9-9　**穿插布局范例**

### 9.2.4　不同风格类型平面海报表现方式

能够影响海报风格的，除了之前提到的字体与配色外，还有元素、排版、构图等多个维度，简单来说只要能够传达出信息的内容都会影响海报最终的方向，下面就简单介绍几种不同风格海报在制作过程当中的一些设计技巧。

**（1）国潮风格**

最近几年，国潮类的设计风格遍地开花，花西子成功的国潮产品设计，将配色与质感展现得淋漓尽致，导致各行各业都想把自己的产品融入一些国潮风格（图9-10）。

设计本身是千变万化的，画面当中不同的设计元素可以传达出不同的信息内容，我们可以简单地概况一下国潮风格的视觉特征，方便初学者在制作这类风格的海报时对画面元素的选择。

图9-10　**国潮风格设计范例**

① 色彩上红配绿/红配青。以图9-11所示颜色搭配应用为例。

为什么红配绿或红配青的颜色搭配会有国潮的味道？因为中国很多古建筑的配色都是天花为青绿，墙为朱红，琉璃瓦为黄色。朱红色驱毒辟邪；绿是青之嫩期，可蓄势勃发。

因为国风建筑的配色较为特殊，在设计当中使用跟传统建筑相同的配色系统很容易使观看的人加强与传统的联系。

② 金边金框。传统皇家宫廷当中，皇室的用品多使用金来装饰，无论是衣物、器皿还是建筑。在设计当中添加金的质感可以与传统配色呼应，也可以提升画面的品质感（图9-12）。

③ 装饰纹样。中国传统纹样的应用广泛，在古代，无论是青铜器、瓷器、建筑、家居还是服饰都会有很多种类型的纹样图标作为装饰出现，比如古代的回形纹、云雷纹、祥云纹、如意纹等。把这些视觉符号提取出来，再作为点线面铺设到画面当中会很好地帮助画面传递国潮的视觉信息（图9-13）。

截取自物生物产品
详情页

图9-11 红配绿和红配
青颜色搭配范例

截取自飞利浦产品
详情页

图9-12 金边金框
应用范例

图9-13 装饰纹样应用范例

简单来说，"国潮风格"中的"国"指的是中国传统的视觉符号，"潮"指的是当下流行事物或元素，把传统的视觉符号用当下流行的形式或者设计表现出来就是国潮风的基本概念。

**（2）科技感风格**

在制作一些电器类的详情页海报，或者一些较为酷炫的功能表现画面时，科技感表现是必不可少的（图9-14）。对于观者来说科技感更为重要的是感受而不是科技，简单的素材堆砌很容易把画面越做越乱。

① 选对科技感的方向。说到科技可以联想到很多关键词，比如机器人、AI、太空、飞船等等，这些都可以代表科技，但是科技感不是简单的科技素材堆砌，所有具有科技感受的素材都应该以感受为主，举个例子，谈到机器人我们可能联想到自动、规范、严谨等感受，谈到飞船我们可能联想到动力、高级等等，在选择画面素材构成的时候要选择符合

设计主旨的视觉符号。

就如同图9-15李宁的这张海报，从衣服上下的装置可以感受到羽绒服的轻盈。

② 机械结构。在选对设计方向后，就可以用来营造画面的科技感。机械结构是科技感必不可少的一种元素，在画面当中各处出现的机械机构可以增加画面的耐看程度，也可以传达出机械特有的设计美感（图9-16）。

③ 线条矩阵。线条矩阵具有表现信息（数据）的气质，在众多具有科技感的元素中也是非常实用的元素。有规律地使用线条、点状网格的装饰，可以起到突出科技感的作用（图9-17）。

截取自石头扫地机器人详情

图9-14　科技感风格电器类详情页海报

截取自李宁的产品海报

图9-15　科技感应用范例

④ 科技炫光。现在在营造科技感氛围的时候，比较常见的就是光效对氛围的烘托，在一些科幻电影和比较强调科技感的海报当中也经常可以见到闪光/炫光等效果，点缀光效同时也能起到突出内容的作用（图9-18）。

简单来说，"科技感风格"比起表现科技，更能打动人的是科技带来的感觉，围绕画面的主旨，搭配具有同样特征优势的元素，从而帮助观看

截取自艾美特取暖器详情页

图9-16　机械结构表现科技感

截取自华宝音箱详情页

图9-17　线条矩阵表现科技感

截取自美的油烟机详情页

图9-18　科技感光效氛围

的人更好地理解画面，复杂的元素和素材的堆砌只能带来一个迷惑的画面。

**（3）简约极简风格**

因为受到苹果和一些北欧设计冷淡风的影响，简约极简风格渐渐在各行各业当中流行起来，尤其是一些家居家具和一些简约极简风格的3C数码、电器等品类。简约极简风的优势是可以一目了然地突出产品和特点，大留白也可以提升整个画面的品质感（图9-19）。

简约极简风这种表现形式的特点是直接又清晰，所以对画面主体有一定的要求，主体如果本身不够耐看或精致，会导致整个画面的品质感跟着降低。

① 大留白。简约极简风格的主要特征就是留白很大，去繁从简，从设计思路上来说画面上的元素越少，那么画面上剩余的信息就越引人关注，所以极简风格的主体展示得就

更为明显，同时大量的留白也更能突出品牌追求的简约和整体画面的价值感。

简约极简风背景一般为纯色或简单的质感（图9-20），没有多余的信息，要注意的是过多的颜色或是花哨的底纹都会破坏简约的感觉，对元素的保留或去除是值得思考的。

② 扁平化设计。简约极简风的排版以扁平化为主，扁平化是一种整洁、无干扰的设计形式，高度可读的排版可以帮助观看的人快速了解海报的内容，而且比起其他的排版形式更符合整体极简的画面风格（图9-21）。

截取自小米手机　　截取自麦当劳　　截取自小米
宣传海报　　　　　宣传海报　　　　宣传海报

图9-19　简约极简风　图9-20　简约极简风　图9-21　简约极简风
设计范例　　　　　纯色背景　　　　　扁平化排版

③ 画面元素的协调。因为可以保留的元素有限，那么对于画面上各个元素之间的关系，以及元素本身的处理就显得很重要了，每一处细小的局部和装饰都要经过仔细思考，比如图9-22中的几张海报，在设计的时候应该对整个画面图片、元素、文字的覆盖区域做好规划，在保证足够留白的情况下，又要根据文字的先后顺序做层级划分，保证内容表达清晰、简单而又有品位，不然很容易把简约做成简陋。

截取自融创地产宣传海报
图9-22　简约极简风成功范例

设计当中能够影响整体设计风格的因素有很多，除了最常见的元素图形外，字体、质感、光感等都能左右观者的视觉印象。正确使用元素塑造风格往往能帮助视觉传达起到事半功倍的效果。

（4）**字体**

常用字体大致可以分为三类，分别是衬线体、非衬线体、其他字体。

衬线体的意思是在字的笔画开始、结束的地方有额外的装饰，而且笔画的粗细会有所不同，日常使用得比较多的衬线体为宋体类或宋体变体类。衬线体有着传统、历史、文化、文艺、女性、优雅、时尚等风格印象。

非衬线体通常是机械的和统一线条的，它们往往拥有相同的曲率、笔直的线条、锐利的转角，在日常使用得比较多的非衬线体为黑体或黑体变体类。非衬线体有着刚硬、现代、简约、稳重、醒目、运动、科技、商业、大众易接受等风格印象。

其他字体中常用的是手写体，指的是书法一类的手写字体，这种字体在日常的排版工作中使用并不是很多，但是在某一类风格当中手写体有着其他字体替代不了的气质印象。书法字体会给人一种古朴、古典、人文、洒脱、豪气、历史、意境、中式、文化、艺术、大气等风格印象。

（5）**颜色**

比起字体图形，人们对色彩的敏感程度更强烈，可以说色彩是任何风格的基础，色彩有无数种，色彩也是困扰初学者最大的问题之一，但做设计无时无刻不在与色彩打交道，在使用颜色的时候我们可以遵循一些方法和技巧。

虽然色彩千变万化，但总体来说色彩大致可以分为红、黄、橙、蓝、绿、紫，黑白本身的气质特征不会特别明显。下面针对每种颜色的特性进行介绍。

① 红色：视觉刺激强，让人觉得活跃、热烈、有朝气。

② 黄色：明度最强的颜色，有着很强的光明感，让人感觉到明快和纯洁，同时黄色也是美食的颜色，会让人联想到蛋黄、奶油等等。

③ 橙色：同时具有红色和黄色的优点，柔和，会给人一种温暖又明快的感觉，一些果实成熟的颜色也是橙色，所以橙色也同时具有美食的感觉。

④ 蓝色：冷色，具有沉静和理智的特性，恰好与红色相对应，蓝色给人一种清澈、超脱、远离世俗的感觉，蓝色同时也会滋生低沉、郁闷、陌生、孤独等负面印象，蓝色也有海洋世界等广阔大气的感觉。

⑤ 绿色：绿色是生命的颜色，有着自然清爽的感觉，绿色与尚未成熟的果实颜色一致，所以也会给人苦涩与酸的印象，同时也有着希望、青春、宁静、和平等视觉印象。

⑥ 紫色：紫色有着优美高雅、雍容华贵的气度，兼具着浪漫和梦幻，同时紫色也是有着神秘感、灵性和创造性的颜色。

⑦ 白色：白色具有明亮干净、畅快、朴素、单纯、圣洁等视觉印象。

⑧ 黑色：黑色具有神秘和炫酷感，同时也有着力量、梦幻和无穷的视觉印象。

黑色白色除了本身的性质之外，还可以用来中和其他颜色，如果在大面积使用其他颜色的时候显得过于极端，可以尝试加入黑色或白色来中和特性。

除了色相差别会影响颜色的气质外，颜色的明度、纯度依旧可以对颜色的印象造成明显的改变。举例，同样是红色，高明度红色给人感觉就很喜庆很热闹，适合设计制作一些国庆、大促等热闹氛围的画面，但是低明度红色给人感觉就较为古朴深沉，适合做一些中国风的庆祝画面。

综上所述，人们对颜色的印象均来自于与颜色本身关联较强的事物所产生的联系，这些联系通过颜色影响着观者的感情。在做配色的时候如果无从下手，可以根据画面主题总结一些关键字，再通过这些关键字所搜索出来的画面感受选取具有代表性的颜色，往往能起到较好的效果。

### （6）元素

图形元素、图像元素往往能够在基础画面上进一步增强画面的风格，在运用点线面丰富画面的时候，不妨把点线面更换成对应的图形或图像元素，使设计能够传递出更多信息。举例，如果在制作一个中国风的宣传品排版的时候，利用传统纹路提取出一些特征明显的元素应用在排版当中，会比简单的线条更能突出主题的气质。

在做一个设计的时候，每一个细节都能影响到观者对画面的认识，比如圆润的角和尖锐的角给人带来的情绪是不同的，人物素材的眼神视线会引导观者的观看方向，留白少会让人感觉很紧张，留白多又会让人感觉很放松、透气，等等。在有限的画面内应尽可能地围绕主题修改每个细节所传达出的信息。

### 9.2.5 平面海报设计思维训练

### （1）如何分类收集学习参考

在收集一些优秀作品的时候可以通过三个维度进行分类，在以后的工作中可以把接触到的工作跟这三个维度分别对应，设计工作也会相对顺利很多。

首先是用户分类。可以通过主要的观看者群体把收集到的作品分类，例如老人、儿童、男人、女人、成功人士、运动员、学生……设计的主题虽然千变万化，但是同样群体关注的信息素材以及颜色是可以通用的，如接到类似群体的设计主题可以迅速地确定正确的设计风格。

其次是功能分类。主要是通过海报的功能进行参考分类，例如招商、宣传、公益、讲解、引导、教育……以一张家具海报为例，如果你接收到的需求是做一张关于桌子的海报，你就可以尽可能地去寻找收集一些家具（比如说椅子、沙发、茶几等）类型的海报。

最后是轮廓分类。以产品主体概括一个形状进行分类，比如制作一张轮胎的海报，轮胎作为海报的主体其外轮廓是圆形。同样，如果是一张圆桌、一块手表等都可以概括为圆形。相似的主体轮廓概括一种分类。

这三个维度的分类并不是毫无关联的，在学习的时候需要搭配使用。用户分类主要是学习针对不同人群使用的不同设计元素配色关系，功能分类是学习不同功能的设计，针对功能的差异在设计上的表现有怎样的不同，轮廓分类是学习不同形状的主体在版式上的变化。举例，如果要设计一张儿童手表的销售海报，就要先了解一下儿童群体的设计元素配色，然后学习销售海报上一般需要着重突出和表现的内容是什么，最后学习圆形为主体的海报都需要怎样排版。

**（2）单张的海报可以怎样拆分**

如果粗暴地把一张海报拆分开，那么大致可以分为四类元素，分别是背景、主体、文字、装饰，分别针对这四部分去学习可以更好地理解设计师在设计这张海报时的思路和想法。

① 背景。背景指的是一张海报底衬的部分，好的背景需要能起到衬托主体的作用。海报的背景不能太过复杂、分散，以免削弱主体对观者的吸引力。背景也分为纯色、材质、空间、色块、渐变等，根据使用主题的不同选择正确的设计方式。

② 主体。主体指的是一张海报最清晰、占比最大的元素，主体不局限于产品，也可以是人物、字体、图形等。主体应是最能传达出海报重要信息的部分，不应以难懂难分辨的形式出现，不应过于遮挡弱化主体，主体应该是最容易被人察觉理解的部分。

③ 文字。再好的图形图片，因为看到的人不同，人们对其理解的感受也是不一样的。这时候文字作为精准表达出现在海报当中，引导观者的思维方向。文字一般分为主标题、副标题、描述文字、装饰文字等，主标题+副标题的占比虽然比主体小，但其易察觉理解的功能应等同于主体，描述文字作为大段的说明应出现在排版清晰易阅读的位置上，装饰文字等同于装饰图形，一般用来在丰富版面的同时传达一些信息。

④ 装饰。点缀装饰作为制作海报必不可少的元素，主要起到营造氛围、丰富排版等作用。为海报增加一个前景或者远景装饰，可以延伸画面深度，加强塑造空间感。在一些大促或节日氛围的设计当中，通过添加符合主题的元素或者细节就可以增加画面的代入感，让整个画面更丰富有趣，更耐看。也可以在画面当中元素较少、主题或文字单薄的时候，用恰当的元素点缀画面，可以起到丰富排版的作用。

### 9.2.6 平面海报设计的印刷规范

① 矢量文件：一般需要印刷的设计作品都会尽量使用矢量软件制作，矢量图相比于传统位图有着放大不失真的特点，当然制作位图文件也是可以的，但需要核对确认图片的尺寸及颜色。

② 出血：一般需要印刷的设计作品都会有一个出血，纸质印刷品设定为3mm/边，出血的作用主要是印刷完成后裁剪的时候确保不裁剪到有用的信息。

③ CMYK模式：一般印刷都会采用四色印刷模式，CMYK对应的是四种颜色的颜料，见第2章。应该注意的是，一般情况下每个印刷厂对印刷机颜色的调校都是不一样

的，我们在印刷成品之前应反复跟印刷厂核对印刷小样的颜色，避免印刷完成后整体画面偏色。

④ 分辨率：一般纸质印刷品较为精细，需要设置到300dpi以上，大型喷绘根据尺寸的大小不同，分辨率从30到150dpi不等，尺寸越大分辨率可设置得越低。

⑤ 印刷工艺：相对于线上Banner，线下海报的优势就是能够实施各种工艺，使得整个设计能与周围的环境、读者产生互动，从而更好地加深观者的印象。

> **提示**
>
> 常见的设计项目分辨率设置见表9-1。

表9-1　常见的设计项目分辨率设置

| 分类 | 品类 | 分辨率建议 | 颜色模式 | 出血 |
| --- | --- | --- | --- | --- |
| 印刷品 | 书籍包装、传单、手提袋、不干胶、名片等 | 300dpi | CMYK | 3mm |
| 媒体显示器 | 电脑网页、手机页面、电子LED屏 | 72dpi | RGB | 无 |
| 写真喷绘 | 海报、灯箱片、展架、KT板等 | 72～150dpi | CMKY | 无 |
| 大型喷绘 | 大型广告牌、背景幕布、围挡 | 20～72dpi | CMYK | 无 |

## 技巧 1 ｜ 如何不抠图制作设计感海报

以图9-23海报设计实例为例。

具体步骤
请参考视频

图9-23　设计感海报效果

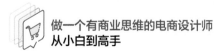

做一个有商业思维的电商设计师
从小白到高手

（1）构思画面

我们想要不抠图制作设计感海报，所以我们用双重曝光的方法来完成，重点在于蒙版的应用。画面构思是人物脑海里面有森林的场景，森林上方有雾气，下方是街道，街道两旁是建筑物，人在街道上行走。

（2）添加与应用素材

① 新建一个1052×1719像素的画布，放入找好的人物剪影素材（图9-24）。

图9-24　新建画布导入剪影素材

② 根据双重曝光的风格，需要把森林、高楼融合在一起，我们先融合人物和树林。首先随意找一张森林的素材，给图层添加蒙版，用黑色画笔擦除多余的部分，图层模式改为变亮，图层不透明度调整为70%（图9-25）。

③ 这一步来融合街道。首先我们放入街道素材，同上面步骤一样这里我们也给此图层添加图层蒙版，用黑色画笔不断擦除多余的部分，然后把图层模式调整为滤色，图层不透明度为42%（图9-26）。

图9-25　添加森林素材

图9-26　添加街道素材

④ 同上面步骤，我们复制建筑物的图层，然后再用蒙版工具擦除多余的部分，得到如图9-27所示的效果，图层模式为滤色，图层的不透明度调整为42%。

⑤ 人物上方和建筑物位置可以看出比较空，所以需要补一下画面。这里我们选择一张画面比较满的建筑物图，然后放入画面中，跟之前步骤一样用蒙版擦除多余的部分，调整图层的不透明度为38%，有一点点楼的影子就会让画面不空（图9-28）。

图9-27　添加建筑物素材　　　　　　图9-28　调整素材图层

⑥ 复制2个人物剪影的图层，放到图层最上方，图层模式改为滤色，这里是为了增强画面对比，跟图9-28对比可以发现这里的画面感更强了（图9-29）。

⑦ 在人物下方放入云的素材，让画面更有意境（图9-30）。

图9-29　复制人物剪影　　　　　　　图9-30　添加云素材

（3）排版技巧

① 为了增强画面的质感，这里我们放入线条的效果，用矩形选框工具绘制虚线（图9-31）。

② 给虚线的图层组添加蒙版，选中人物添加蒙版，把人物放到线条下方（图9-32）。

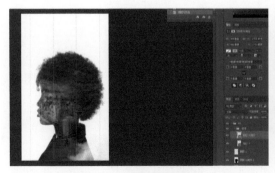 

图9-31　添加线条效果　　　　　　　图9-32　线条图层添加蒙版

③ 放入文字排版。这一步可以找参考，多尝试（图9-33）。

④ 再放入云层素材，让画面更有想象的空间（图9-34）。

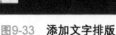

图9-33　添加文字排版

图9-34　添加云层素材

## 技巧 2 ｜ 活用混合模式的技巧

　　图层混合模式是PS中比较常用但又难以理解的一种功能，学会理解混合模式的原理可以方便我们快速制作设计，甚至在有些情况下能够替代抠图和谐地应用素材。

　　混合模式的原理就是利用预设的颜色深浅、像素分布，使上下图层的像素产生颜色或明暗的变化，达到各种各样的视觉效果。

　　混合模式当中有27种不同的预设，这27种预设可以整理为6组，分别为正常组、变暗组、变亮组、反差组、比较组、着色组。

- 正常组：正常、溶解。
- 变暗组：变暗、正片叠底、颜色加深、线性加深、深色。
- 变亮组：变亮、滤色、颜色减淡、线性减淡、浅色。
- 反差组：叠加、柔光、强光、亮光、线性光、点光、实色混合。
- 比较组：差值、排除、减去、划分。
- 着色组：色相、饱和度、颜色、明度。

　　下面针对不同混合模式的使用技巧进行介绍。

　　① 正常模式：不透明度100%，上下图层不产生混合；不透明度小于100%，上下图层根据透明度比例显示下层像素。

　　② 溶解模式：不透明度100%，上下图层不产生混合；不透明度小于100%，上层图层根据透明度比例添加噪点像素效果，透明度越低噪点越明显。

　　③ 变暗模式：混合层与基础层对应进行像素比较，取较暗像素作为结果色，较亮像素被隐藏。

　　④ 正片叠底：有些类似变暗模式，但得到的混合后的颜色比混合模式更暗，也更加自然。

　　⑤ 颜色加深：保留白色，增加其他地方的对比度来压暗基础色，颜色的边缘受混合色的明暗影响。

⑥ 线性加深：原理和颜色加深类似，保留白色，降低了混合色的亮度来影响基本色，然后再和混合色混合。

⑦ 深色模式：和变暗模式类似，会过滤掉两种颜色中的浅色，保留深色。

⑧ 变亮模式：和变暗相反，混合层会与基础层对应像素作比较，保留较亮的颜色。

⑨ 滤色模式：和正片叠底相反，模拟光一层层叠加的效果，混合的结果比变亮模式更亮。

⑩ 颜色减淡：和颜色加深相反，通过减小对比度的方式来提亮基本色。

⑪ 线性减淡：和线性加深相反，通过增加混合色的亮度来影响基本色。

⑫ 浅色模式：和深色模式相反，会过滤掉两种颜色中的深色，保留浅色。

⑬ 叠加模式：此模式结果色与基本色明暗度有关，基本色比128更暗时，基本色与混合色产生正片叠底效果；基本色比128更亮时，基本色与混合色产生滤色效果。

⑭ 柔光模式：模拟柔光的照射效果，显示基层细节。与叠加相似，反差较小。

⑮ 强光模式：显示混合层细节，与叠加类似，反差较大。

⑯ 亮光模式：当混合色比中性灰更暗，产生"颜色加深"模式效果，当混合色比中性灰更亮时，产生"颜色减淡"模式效果。

⑰ 线性光模式：此模式暗部是"线性加深"效果，亮部是"线性减淡"效果，结果色由混合层控制，并和图层顺序有关。

⑱ 点光模式：此模式暗部是"变暗"效果，亮部是"变亮"效果；结果色由混合层控制，并和图层顺序有关。

⑲ 实色混合：没有虚实变化和过渡，最生硬的混合模式。

⑳ 差值模式：用参与混合的基本色、混合色中比较亮的颜色减去较暗的颜色，两层之间差距越大，图像越亮。

㉑ 排除模式：结果色对比度较低，更加柔和。

㉒ 减去模式：基本色减去结果色，所以在基本色暗调处颜色变化小，在亮调处会出现与混合色相反效果。

㉓ 划分模式：结果色出现较大反差，显示更多基本色细节，混合色越暗，基本色变亮能力越强。

㉔ 色相模式：用基本色的明度、饱和度与混合色的色相产生结果色。HSB值会有细微变化。

㉕ 饱和度模式：用基本色的明度、色相与混合色的饱和度产生结果色。HSB值会有细微变化。

㉖ 颜色模式：用基本色的明度与混合色的色相、饱和度产生结果色。HSB值会有细微变化。

㉗ 明度模式：用基本色的色相、饱和度和混合色的明度产生结果色。HSB值会有细微变化。

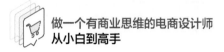
 提 示

　　在了解了混合模式的使用方式之后，我们可以尝试不抠图只用混合模式来制作一张海报。

　　但是27种混合模式在日常的使用当中只有10种左右会经常使用，初学者如果想比较快上手的话可以参照上面对混合模式的分组。如果想让图像变暗可以试试变暗组，想让图像变亮使用变亮组，想增加图片的反差对比就可以使用反差组，等等，往往能够得到满意的结果。

## 9.3 | Banner 设计

　　横幅广告（Banner advertisement）是网络广告最早采用的方式，有静态式、动态式和互动式三种表现类型，是互联网广告中最基本的广告形式。Banner一般常见于网页和手机上，比起线下海报，Banner一般来说给观者的浏览时间更短，展出的内容也更直接。

### 9.3.1　Banner的组成要素

　　Banner的组成与之前提到的海报的组成几乎是一样的，分别是背景、主体、文案、装饰，除此之外部分的Banner设计还要考虑动效和交互。

　　虽然组成要素相同，但是Banner的组成要素相比于海报更侧重于给观者留下清晰的印象，所以可以发现大多数Banner都以纯色背景+简洁的文案为主，目的是在互联网爆炸式的信息流当中能给观者留下清晰的印象（图9-35）。

图9-35　Banner的组成结构

### 9.3.2　Banner设计前的准备工作

　　在开始任意一项设计工作前都要对设计需求做充分的了解，Banner的设计也一样。在谈具体的设计技巧之前，我们还有一些准备工作需要做。

　　（1）确认Banner的投放位置和平台

　　这个主要是为了考虑Banner的设计风格，或者图片与周围图片的相互关系。不同的平台会有各自的视觉调性和视觉规范，了解清楚这些规则可以避免我们做一些无用功。另外了解了投放位置周边的图片环境，也更利于我们做出更加醒目、有对比的图片，有概率赢得更高的点击。

**（2）确定Banner的文案和尺寸**

初学者在设计制作Banner的时候往往会感觉到无从下手，其实很多时候设计方向是要从文案信息当中来提取，文案信息也能给予画面上的设计灵感，Banner的尺寸和投放平台则决定了Banner的画面排版和元素丰满程度。

**（3）了解Banner的作用**

设计之前要了解清楚投放Banner是为了达到什么目的，是宣传还是促销？是陈列还是通知？对于不同的目的设计师应采用不同的设计方式。接下来是确定风格，在了解了上述一些基础信息之后，我们就可以从信息当中提炼出设计风格的方向。

**（4）了解交稿时间**

Banner的需求非常多样，要求和执行标准也不统一，提前确认好交稿时间，我们可以更好地做好工作计划。如果时间比较仓促，我们就按照常规标准来处理；如果这个Banner比较重要，需要更好的视觉，那我们就需要争取更多的时间或者给出更多的方案。一般情况下，时间和交付标准是相辅相成的，毕竟好的设计，需要更多的时间。

### 9.3.3 Banner版式部分的设计技巧

因为展示媒介的不同，Banner的版式结构相对于海报的构图形式更为简单，大致分为：上下布局、左右布局、中心布局等。一般根据画面的尺寸和内容主次的表达方式来选择。其中上下布局又可以细分为上下结构和上中下结构，中心布局也有中心对称式、中心发散式等形式。

**（1）上下布局**

上下布局一般是文案和主题呈上下结构分布，这是一种很常见的组合方式。文案和主题元素分别位于上下两个相对独立的板块内。上下布局常用于竖幅的海报。横幅海报因为上下空间较小，不太适合。

图9-36分别是常见的上下布局的横版Banner和竖版Banner的结构应用。

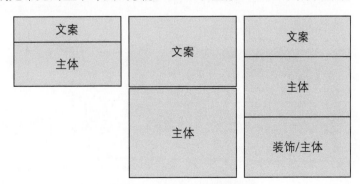

图9-36　常见上下布局结构

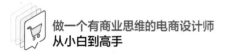

**（2）左右布局**

左右布局一般是文案和主体呈左右分布，这也是一种常见的组合，这种布局方式更适合横幅的Banner。横幅的Banner横向空间大，文字与产品更容易横向舒展开（图9-37）。

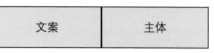

图9-37　常见左右布局结构

**（3）中心对称式**

这种布局一般是将文案或者主体元素放置在画面中间，四周辅助一些元素或者文字装饰，中间的视觉焦点部分是最重要的内容。这种布局不太挑画幅，横幅竖幅都可以。

图9-38分别是放射状中心对称式构图（左图）和圆形中心对称式构图（右图）。

图9-38　中心对称式构图范例

版式设计千变万化，但原则都是为了突出重点。重点可能是文案信息，可能是模特，也可能是商品。在视觉画面设计基本完成的时候，一定要检查视觉重点，如果错误地表达了信息的主次，没有正确地向浏览的人传递想要传递的信息，那么这个Banner在视觉表达上就是错误的。所以设计师在设计的时候一定要时刻牢记画面需要传递的重要信息。

### 9.3.4　Banner色彩部分的设计技巧

色彩作为画面给人的第一感觉，在设计中一直都占有非常重要的地位。配色的方法很多，各种方式也层出不穷，只有将理论和实践结合起来，融会贯通，才能从根本上提高自己的配色能力。

**（1）主色、辅色、点缀色的比例**

一个画面中要色彩层次清晰，就会有主色、辅色和点缀色，除了正确的色彩使用，还要考虑到不同配色的比例。主色是画面中最主要也是最突出的颜色，它是传递画面主要视觉、情绪的颜色；而辅色则是与主色产生呼应，或者衬托性的颜色；点缀色则是为了丰富画面，起到点缀、装饰的作用（图9-39）。

截图自今日头条APP

图9-39　主色、辅色、点缀色范例

## （2）与设计风格匹配

设计风格往往受产品风格、品牌调性、投放需求、传播媒介等因素影响，画面是服务信息的载体，在设计构思、配色的时候要考虑到配色与设计的风格匹配。比如要做节日大促的海报，我们就会选择一些热闹的配色，规避开黑白灰这种比较严肃的感觉；如果是亲情类的画面氛围，我们就会选择一些暖色，营造比较温馨的画面感觉；如果是年轻潮流的，我们就会使用一些色彩明快，或者对比强烈的颜色来打造视觉的新鲜、刺激感。

以壁挂式静音新风机为例，进行具体分析。

**需求分析**

从这一句主标题当中我们就可以提炼出：壁挂式、静音、新风。这三个关键字分别理解为：壁挂式＝小巧，静音＝不打扰，新风＝净化空气。那么通过对文案的提炼和场景的联想，画面应该是安静的、不热闹的。再接着联想，什么样的颜色更容易营造出来安静的气氛？随着对关键字理解推敲，进而再进行联想，脑海中的画面就会逐渐具象化。

图9-40分别是关键词配色联想，以及实际应用设计效果。

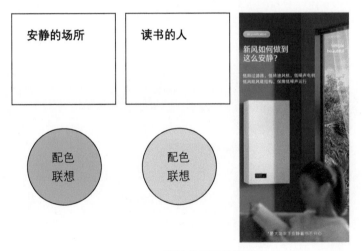

图9-40　设计分析及效果

同样的风格也可能会有很多种配色思路，有些时候产品适配的颜色可能不止一种，这个时候我们也需要根据产品的特点和运营的要求来做不同色系的尝试。

以图9-41雨伞产品图为例。

文案：一把真正的胶囊伞。

风格：年轻化、风格较清新。

**思路分析**

从上述的内容来理解画面可以想到的是颜色会比较清新，不厚重，不沉闷。"清新"一词的空间比较大。理论上，只要明度比较高，饱和度不那么深的色系都可以。设计和配色都是尝试性的过程，通过不同的搭配找到最适合的风格，找到运营或者是甲方想要

图9-41　**雨伞产品图**

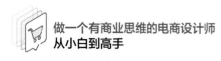

的感觉。

图9-42分别是同一设计不同配色的效果对比。

（a）KV1-配色1　　（b）KV1-配色2　　（c）KV1-配色3

图9-42　同一设计不同配色范例

这三个颜色都比较符合产品的视觉定位，在定了大的风格之后，可以根据视觉差异化、季节适配性等客观因素来确定使用哪一种色调更为合适。

### 9.3.5　Banner常见的视觉风格

**（1）简约风格**

简约风格适合一些安静/高品质生活类主题的设计，如家居家具。明显的特点就是大量留白，以灰白色系为主，其他的色彩饱和度和纯度低。多采用衬线体的字体，除标题字号略大，其他文案都给人小巧精致的感觉。

**（2）现代风格**

适用于高端产品或电子产品。最大特点就是言语简练，字少。大多采用黑白灰色系，很少运用点缀物，素材图一般都很大，突出细节。

**（3）传统国风**

文案多采用从右向左、竖行排版，字体采用书法字体。可以选择祥云、剪纸、卷轴、水墨画等素材。

**（4）潮流时尚风**

排版相对自由，色彩饱和度高，也可以选择一些张扬有活力的素材。

**（5）青春可爱风**

多采用手写及卡通字体，点缀物一般会用到卡通小元素，比如花朵、星星、短线条等。

**（6）卡通手绘风**

产品及文案都可以用手绘的方式来表达，不同的手绘风格营造的氛围不一样。

除了上述主要的视觉风格之外，一般还会根据Banner具体的使用情境进行分类，下面分组进行介绍。

① 节日促销类。画面饱满，留白少，色彩丰富。一般标题会很大、突出，有较强的视觉冲击效果。点缀物多用到舞台、灯光、冲击性的线条和多边形等。

② 科技未来类。用色以冷色调为主，比如黑、蓝、紫。画面给人硬朗、速度和力量的感觉。可以用光线、金属效果、线条等点缀物。

③ 严肃指挥类。多用红色，点缀黄色蓝色，字体选用一些中国风浓厚的毛笔字或者端庄古典的字体。可以用英雄雕塑等作为背景和点缀物。

---

## 实例 | 用 PS 制作大促活动 Banner

以图9-43大促活动Banner设计效果为例。

**案例分析**

文案内容：天猫618，狂欢开门红，时间6月1日0点—3日24点，抢0.1元抵500，每满200减30上不封顶。应用位置：手机端海报。

**设计思路**

大促海报通常要做得很热闹，在产品比较多的情况下，采用三角构图，方便产品堆图，同时要加以氛围元素，比如"金币""红包"的装饰。常见的促销氛围海报有红色系、橙色系、蓝紫色系。

**设计要点**

大促活动氛围海报，要有热闹促销的氛围。

图9-43 **大促活动Banner设计效果**

**页面分析**

考虑到是手机端海报，构图是竖幅的，产品需要堆叠得比较多，所以选用三角形构图，这样可以将产品居中展示，强化产品形象。海报颜色匹配天猫618的主题色，选用红色系，整体采用红色+金色的色彩搭配，因为金色跟红色比较好搭，又可以叠加到金币等元素里面，会更和谐一些。

**制作过程**

① 根据画面的需要我们要搭建一个热闹的背景，通过PS或者C4D都可以完成类似的场景创作。这里通过搜索素材关键词"大促背景""活动背景""光效背景"可以找到类似的素材图片。因为素材是横版的，跟画面设定的尺寸不太匹配，所以需要复制一个，把衔接处用蒙版擦一下，再新建一层，混合模式选为线性加深，用红色画笔把顶部擦一下，让透视效果增强一些（图9-44）。

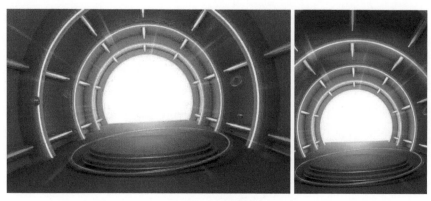

图9-44　搭建背景

② 在背景的光源位置加些特效光，让场景更炫酷一些。把找好的素材放在背景图层后面，再加一个太阳光的元素，混合模式为滤色，这样可以去掉其他的颜色，也可以加强光源（图9-45）。

图9-45　添加光源光效

③ 接下来把产品图叠加在台子上，现在产品放上去很突兀，不够融合，需要调整产品的环境色。首先点击产品图层，选择图像—调整—匹配颜色，源选择我们现在的文件名称，图层选择这个文件里要进行匹配颜色的背景图层，再调节一下明亮度和渐隐数值，参数可以参考图9-46，就会出现融合的效果。

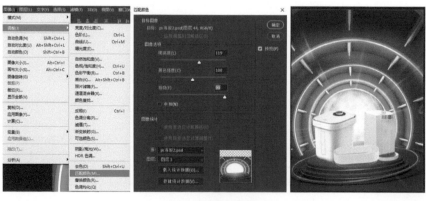

图9-46　添加产品

④ 这里设计的是光源从后边来，所以产品应该是后面亮前面暗。现在产品的光源方向跟背景的光源方向是不一致的，需要重新设定一下产品的光源。新建一层透明图层，按住Ctrl点击产品素材图层提取选区，按住Shift+F5 选择50%灰色，图层模式选柔光，接着用白色画笔画产品的亮部，黑色画笔画产品的暗部，这样产品的光影效果就和背景一致了（图9-47）。

⑤ 接下来做产品跟地面的接触投影，同样新建一层透明图层，提取产品选区，填充一个比背景深的颜色，混合模式为正片叠底，点击滤镜—模糊—高斯模糊，数值不要太大，一点几就可以，然后用蒙版擦除接触以外的地方（图9-48）。

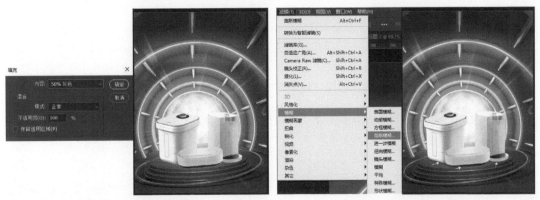

图9-47　重设产品光源　　　　图9-48　添加产品投影

⑥ 接下来做产品的拖影部分。把投影复制一层，按住Ctrl+T变换一下，向前倾倒，混合模式同样是正片叠底，不透明度降低一些，然后选择滤镜—模糊—动感模糊（图9-49）。

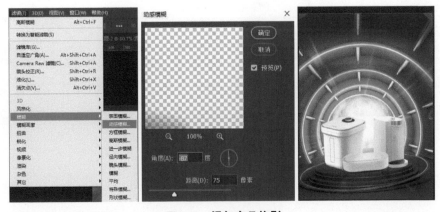

图9-49　添加产品拖影

⑦ 开始做标题部分。大促海报中标题占的比重比较大，所以对标题的细节要求还是比较高的，一个精致的标题可以给整体的画面氛围加分。输入文字内容，文字后面的背景用钢笔勾一下，用明暗不同的红色擦一下，让它感觉更加立体就可以了。这里主要说一下特效字的制作，第一层是加了一个渐变叠加，注意要把两行字分别添加，不然会影响效果（图9-50）。

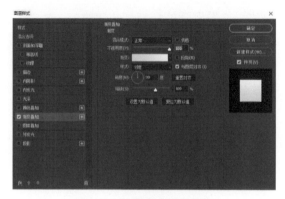

图9-50　标题文字添加渐变

⑧ 复制一层文字，按照图9-51中的参数做立体描边效果并添加图层样式，记得把填充改为0。

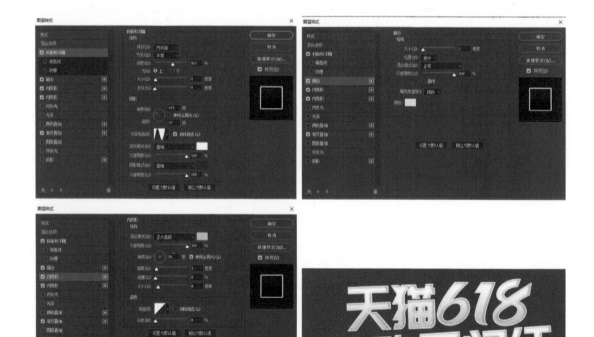

图9-51　标题文字添加描边

⑨ 做文字后面立体的底。新建一层，按住Ctrl提取每个字的选区，填充一个比黄色深的颜色，按住Alt键同时按住下键和右键切换，然后按住Ctrl+G编组，添加图层样式（图9-52）。

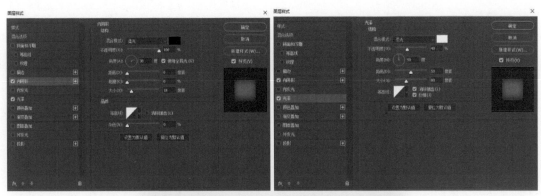

图9-52　标题文字立体化

⑩ 其他层也是这样的操作方式，不同的是颜色越来越深，在倒数第二层加一个描边，最后一层加一个投影（图9-53）。

⑪ 添加氛围元素。找一些活动的元素，比如红包、钱币、优惠券等素材，丰富画面。注意近大远小、近实远虚的原则。最后在产品周围加一个光圈素材，混合模式为滤色，为海报增加活动氛围，这个大促的Banner就做好了（图9-54）。

图9-53　加强标题文字效果

▶ 具体步骤
请参考视频

图9-54　添加氛围元素

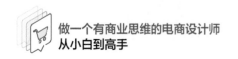

# 第10章 电商详情页设计

详情页是产品的详细描述页面。详情页设计是店铺装修过程中的重要部分，对用户是否购买该产品有直接影响。本章主要介绍详情页的作用、结构规范以及详细的制作流程等。

一个好的详情页可以显著地提高静默转化率（没有咨询，顾客通过浏览自己下单的行为），它能大大减少客服人员的工作量；能大幅度提高店铺对流量的消化能力。我们在进行详情页设计的时候，大的思路方向应该是通过对产品的描述从而引导消费者购买，是一个从产品展示到引导消费者下单的过程。

## 10.1 | 设计详情页前的准备

电商设计师的一个重要任务是将自己的设计作品赋予销售的属性，更好地帮产品销售。一个好的详情页不应该只具备美观要素，它需要协助消费者做决定，最终达到将产品售卖出去的目的。

要想做好详情页首先要了解两方面内容。

一是了解后台直观的数据，包括但不限于转化率、跳失率、浏览时长、流量流向等等，这些都可以通过电商后台的一些运营工具查看，比如淘宝的生意参谋。借助于这些精准的数字信息，我们才可以更有针对性地面向自己的用户挖掘或是创造属于他们的痛点，从根本上解决用户的问题，提高用户的产品体验。

二是对售前售后和一些评价的抓取，向售前客服了解更多买家关心的问题，如果某个问题咨询者比较多，很有可能是详情页没有介绍清楚，若是售后某个问题出现得多，可能是详情页有误导或者不详细的地方。

分析市场数据，准确定位用户群体，清晰地认知自己的消费群体、产品定位、品牌形象，才有可能做出真正合适的详情页。

当设计师拿到一个详情页设计需求的时候，不要急着去做，要先分析详情页的逻辑大框架，详情页的逻辑很重要，先展现哪些内容，后展现哪些内容；对于这个品类的消费者而言，哪些产品信息更容易打动他们；等等。

**详情页主要包含这几个方面内容。**

① 物理价值。商品的物理属性和商品生产和物理过程。

•产品的功能卖点：材料、工艺、带来的直观效果/收益。

•产品展示：尺寸、颜色、细节、各类参数等。

② 情绪价值。建立在特殊人群或特殊心理状态下衍生的，对产品的附加情感。

- 信任感：如检测报告、专利证明等，提升产品专业感和优秀度。
- 追随感：网红/大V都在使用，满足"从众"或"同款"心理。
- 舒适感：针对不同类型的用户，营造独有的舒适区。比如现现代的女性偏好自由无拘束、独立自主、多元包容的个体形象；男性则更偏好简约、理性化、不加矫饰的风格，减少反复抓取重点的时间和精力成本，等等。
- 认同感：产品的设计理念、品牌输出的价值观、品牌人设，等等。
- 痛点/痒点/爽点：负面的情绪价值，通过刺激给予购买转化，主要集中于——别人有的我没有、已经有的可能会失去、没有会带来不良后果、引以为傲的但别人都有了，追求更多的差异化。
- 归属感：使用这个产品之后我们就是同一类人了，划分圈层意识。

③品牌展示。能够体现品牌做出好产品的先决条件。

- 品牌底蕴：历史、背景等。
- 渠道品质加成：工厂、供应链等。
- 专业化认证：工厂资质背书、研发投入、公司奖项等。

④商品服务。购买产品后获得的一系列加成，免除消费者的后顾之忧。

- 一对一客服、运费险、七天无理由、支持试用退换等。

在进行具体的详情逻辑设计之前，我们可以先简单梳理这款产品的卖点与可延伸点，大概清楚这是一个什么样的产品，大概的人群定位，大概有哪些功能方向与使用场景，然后就可以筛选出我们的竞品。

竞品包含直接竞品与间接竞品，直接竞品就是完全同类型的产品，存在直接竞争关系，买了这款就不买那款了。间接竞品的定义相对来说就更复杂，间接竞品既可以是同性质产品、不同性质的用户群，也可以是不同性质的产品，但用户群相似的。

了解直接竞品可以帮助我们看到同行里，卖得最好的那些产品都做了什么，特别出色的点是什么——如产品的核心竞争点、详情页的设计逻辑、为什么选择这样的展现方式、在文案和视觉构图色彩上，是否戳中消费者带来了额外的收益，等等。

而间接竞品的核心作用在于延伸已经固化的内容。一个成熟品类的市场展现形式多是固化的，重复的表现形式会让人疲倦，无法眼前一亮，就无法脱颖而出；而过于"新"的表现形式则需要太高的市场教育成本，无法直接判定消费者接受度，风险成本太高。因此，一些在其他相关品类已经被运用的"旧点子"跨界而来，就能够成为很好的创意。

**竞品分析需要分析以下内容。**

①明确竞品分析的目的：将分析聚焦在展现内容和展现形式上。

②竞品分析的模块。

- 竞品详情逻辑梳理、总结
- 竞品核心卖点
- 竞品详情页核心聚焦点

- 竞品功能比对
- 卖点功能场景积累
- 卖点的不同展现形式
- 视觉风格、主色调、运用元素

③ 竞品分析的模型和方法。

- PEST
- SWOT
- Yes/No分析法

做完竞品分析之后，我们就可以大致了解自己的产品处于市场什么位置，有哪些优劣势，竞品的风格明确区分于其他产品的点是什么，核心竞争点如何体现才能让消费者感觉自己获得了更多的收益。

此时，我们对产品重点已经有了一定的规划，紧接着就可以明确详细的用户需求。

- 这款产品最突出的点是不是用户想要的，如果是，放在卖点第一位就好了，如果不是，怎样可以放大这部分的需求，或是和其他刚需点联合起来，成为一个刚需卖点。
- 确认用户的需求主次，放大需求痛点，并衍生出期望需求点（消费者可以额外得到什么，也可以称之为"隐形需求点"）。
- 情绪价值延伸，帮助消费者寻找归属感。需要用怎样的文案表达风格和模特展示来凸显情绪价值。

在明确用户需求与差异点后，产品详情页的逻辑也就非常清晰了，我们需要优先凸显产品的核心竞争点，并通过文案和视觉强化消费者的印象。

### 10.1.1 找到产品的目标人群

淘宝将用户分为8大人群：GZ时代（新时代人群）、精致妈妈、新锐白领、资深中产、小镇青年、都市蓝领、都市银发、小镇中老年。

任何一个产品都会有它的受众，即目标人群，一个产品是不可能适合所有人的。我们在明确了目标人群之后会进一步具象化这个人群的特征，这个过程就像是从茫茫人海中揪出自己要找的那一拨人，那如何寻找？就从大数据告诉我们的这些特征来找，这个也称作"标签"。

比如有一款键盘，它的目标人群是18~25岁的年轻人，我们很容易锁定大学生和刚步入社会的这群人，然后再给这个人群几个标签"游戏""宅""二次元""社交恐惧症"，通过这几个标签，这群人的性格特征和生活习惯仿佛在眼前更清晰了一些。

仅仅这些还不够，比如产品的颜色"粉色""黑色"也会从颜色属性上再细分一些人；再比如产品的价格，199和699也会是不同的消费习惯，我们甚至需要调研清楚不同消费习惯的人都会有什么生活习惯、消费喜好，从这些大数据化的"标签信息"中，设计师可以获得更加清楚的设计定位，从而更好地迎合人群的审美喜好，做出更合适的设计。

由以下几个方面可以进一步细分目标人群。

**（1）从基础要素定位**

① 年纪。不一样年龄层的顾客，因为生理、性情、喜好的不一样，对日用品的要求通常存有较大的差别。依照目标人群的年纪可划分为母婴用品销售市场、少年儿童销售市场、青少年儿童销售市场、中老年人销售市场、老年人销售市场。

② 性别。许多产品在主要用途上带有显著的性别特点，如休闲男装和品牌女装、男表与女表。而在购买行为和购买想法等层面，男人和女人也有较大的差别。例如护肤品品牌、零食品牌等多定位于女士销售市场。而烟草、文体用品等则多定位于男士销售市场。

③ 收入。收入的高低决定消费冲动和开支占比，在挑选同一类产品时，高收入人群更有可能挑选价高的产品。另外高收入人群在大中型商场超市或知名品牌经销店等场地消费的比例也更大。

④ 文化教育水平。受教育程度不一样的顾客，在生活习惯、人文素养、价值观等层面都有较大区别，这也会影响他们的购买行为和购买习惯。

**（2）地区要素定位**

① 所在位置。在中国，依照行政区划有省、市、县、乡、村等级别；依照地理区域又划分为东北地区、华北地区、西北地区、华东地区和华南地区等地域。在不一样的地区，顾客的要求也存有很大差别。例如购买一件衣服，气候和审美不同，需求会有非常大的区别。

② 地形地貌。我国地域辽阔，产生了多种多样的地貌环境和复杂的气候环境。不同环境下的消费人群对高温防暑、保暖防寒等产品有不一样的要求。例如在中国北方地区，冬季气候严寒干燥，空气加湿器需求量挺大；但在中国南方，因为空气湿度大，大部分人不会有对空气加湿器的需求。

**（3）心理定位**

① 性情。性情不一样的顾客要求也不一样，性情包括内向型的、外向型的、开朗的、消极的、传统的、激进的……活泼开朗、外向型的顾客通常喜欢表现自己，因此他们常喜欢购买能体现自身个性的产品；不爱说话、传统的顾客则通常购买较为质朴的产品。

② 购买想法。购买想法是指一个人在消费时的冲动或潜意识，买家购买商品时的考虑因素可能是多种多样的，比如价格因素、从众心理、品牌心理等等。例如，有些人购买服饰更偏重质感、品牌，有些人则会更偏重样式。

**（4）个人行为要素定位**

① 购买时间。很多产品的消费具备时间性，比如月饼的消费大部分在中秋佳节之前，泳装、太阳镜则在夏季销售得更好。因此，运营能够依据产品的购买时间，在适度的情况下增加营销推广力度，以推动产品的销售。例如太阳镜，夏季的销售能力、活动推广强度，甚至会比双11还要猛烈。

② 消费频率。消费频率是指大多数匹配客户对产品的消费速率，比如零食就是高频

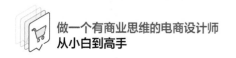

消费产品，家居家电就是低频类的消费产品。而不一样的人群针对类似产品的消费速率也是有显著区别的，例如儿童袜子和成人袜子、冬季服装与夏季服装，等等。

### 10.1.2 风格策划

围绕风格策划有两个大方向，一是更适合产品和品牌，二是更有差异化。在策划的阶段，要有"跳出类目做产品"的概念，也就是打破固有认知，思维不应该局限在"某某类目"，比如拖鞋就要有居家的感觉，数码产品就应该有科技的感觉，家居用品就应该有温馨的感觉，等等。

打破这些行业的惯性思维，用新的概念和场景来解决用户的问题，产生新的创意来获取关注，给消费者带来新鲜感，才能更好地实现我们常说的"差异化"。

将品牌的发展策略比作骨骼，那么视觉即是它的外衣，风格策划、视觉表现都应该建立在品牌的发展策略上，这样设计才能真正由内而外地适合这个品牌，甚至只适合这个品牌。

策划还离不开对竞品的分析。每一个品类都会有7个品牌占领消费者的心智，我们在做策划的时候主要分析7个核心品牌的市场定位、视觉表现，以及如何在众多的同质化产品中让自己的产品更加醒目、突出。

① 从品牌方向。这种思路适合既有的成熟品牌，整体的策划方向更偏向宣传品牌主张，贴合品牌风格，强调品牌特征。

② 从用户方向。抓取用户的特征，迎合用户的喜好、情感模式、消费特征，策划更加贴近他们生活和购买倾向的方案。

③ 从差异化方向。以视觉为突破点，创造新的视觉记忆点，与众不同的视觉更容易获得用户的关注，让用户记住。

从上面介绍的产品目标人群开始，我们需要跟品牌方沟通品牌当前的问题，主动去了解这个行业的发展史，以及品牌未来的发展方向。只有更精准地了解品牌的需求之后才能做出更符合他们预期和定位的设计。策划一定是有目的和方向的，设计师也不是在毫无约束的情况下进行天马行空的设计，商业设计一定是服务商业的，过度"自嗨"，只会让你在错误的方向上走更多的弯路。

常见的详情风格有这么几类：简约风格、国潮风格、C4D风格。

图10-1，图10-2分别是简约风格和国潮风格详情设计范例。

简约风格又细分为：北欧、轻奢、留白等。

国潮风格细分为：插画表现类、素材合成类、新中式、厚重中国风等。

无论是什么样的视觉风格，都是为了服务产品，切勿为了表现自己的设计能力而忽略设计的本质。

### 10.1.3　怎样提高转化率

转化是指从点击浏览到产生购买的行为，那么如何更快地让消费者购买，尽快做决定呢？其实核心就是让他获利！

现阶段的消费类型已经从刚需变成了浅需，以往我们是非常需要一件产品才会去搜索购买，现在很多习惯则是：我看到了某某平台的某个好物；我看到了一个特别有趣的东西；他在网上吃这个吃得好香，我也想尝尝……

那么基于这种现状就更加要学会利用用户思维，一定不要将详情做成说明书，消费者是没有耐心和时间读完这一长段介绍的。你只需要告诉他买了这个产品，他会拥有什么，是更刺激的味觉，是更清新的空气，还是更高效的工作、更美好的生活。

整体可以归纳为以下几点。

图10-1　简约风格的详情页　图10-2　国潮风格的详情页

**（1）从用户的角度去设计文案和画面**

不能仅仅通过强调自身产品的优势去表达，所有的产品都是以解决用户需求为前提的，设计应该更多思考的是产品优势与用户痛点之间的关系。

**（2）一屏一个卖点，摒弃繁杂信息**

详情页一般都很长，但是观看的媒介——手机屏幕，空间却是有限的。用户的时间都是碎片化的，没有充足的时间去集中精力阅读完整张内容。要让用户在短暂的"滑屏"过程中抓取到页面的信息。这个时候一屏一个卖点的表现和足够精简、重要的信息表达就更加重要了。

**（3）内容循序渐进，围绕主题延伸展开**

把详情页比喻成一篇文章的话，那么它一定有一个主题，所有的卖点和场景化表达都应该围绕这个主题展开，逐层加深消费者的印象。而不应该像一篇散文或者说明文，想到哪写到哪，或是不管目标用户的喜好，只顾叙述自己的功能。

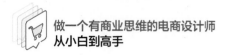
（4）视觉表现力

好的设计一定能起到锦上添花的作用，不仅能从视觉上让顾客感到物有所值、极高的品质和品牌感，也能直接对顾客的购买产生催化作用。

## 10.2 | 详情页的结构规范

不同类型产品的详情页结构和规范也有所不同，下面对基础详情页内容模块进行介绍。

一般基础详情页内容模块主要包含可视化卖点模块、ICON模块、模特模块、基础信息模块、细节展示模块、痛点模块、同行对比模块、信任背书模块、售后信息模块、安装步骤模块、套装/款式模块、促销模块。

由于产品不同，一个产品的页面不可能包含所有的模块，比如女装类的就不需要安装步骤，美食类的就不需要套装/款式，我们根据不同的产品类型给详情安排不同的布局，使页面的布局更加合理（图10-3）。

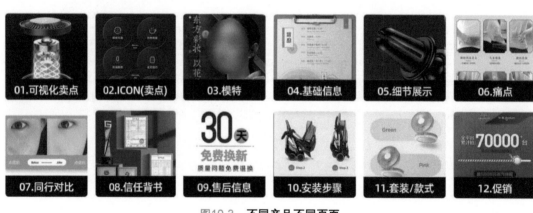

图10-3　不同产品不同页面

① 可视化卖点模块。主要是描述产品功能，展示产品功效等。

② ICON模块。也叫图标模块，一般用作功能提炼，是卖点前置的一种表现手法。

③ 模特模块。用于产品展示或者形象海报中。

④ 基础信息模块。用来写产品的参数、型号以及一些基础信息。

⑤ 细节展示模块。用来展示产品局部细节。

⑥ 痛点模块。一般用来提出痛点，通常会放在卖点前面。

⑦ 同行对比模块。用对比的形式来分析产品优劣的模块。

⑧ 信任背书模块。一般是证书、明星代言、销量保证、知名品牌等等的加持信息，为了使消费者更加信赖产品。

⑨ 售后信息。用来描述售后信息的模块。

⑩ 安装步骤模块。一些功能烦琐或者安装麻烦的产品会有专门的安装、使用步骤介绍模块。

⑪ 套装/款式模块。一般用于展示不同的SKU（型号、颜色，等等）。

⑫ 促销模块。属于活动信息类，一般会前置在详情上方吸引买家购买。

不同的品类会有一些常用的模块逻辑结构，有些模块是特定类目才会有的，比如服装类的不同尺码的模特试穿反馈，还有一些针对特定人群做的说明模块、安装模块，等等。我们将这些常用的模块梳理记忆，形成自己的类目大纲，碰到类似的产品时，可以按照自己的逻辑、方法论先做一些梳理，会让整个工作进行得更顺利一些。

下面是常用服装详情页模块结构和常用食品详情页模块结构布局示例，供大家参考（图10-4）。

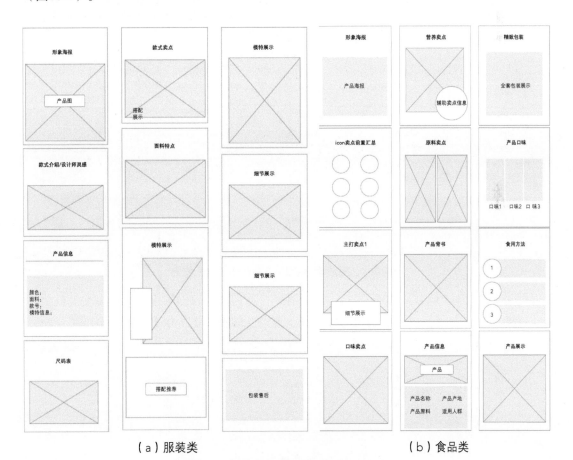

（a）服装类　　　　　　　　　　　　　　（b）食品类

图10-4　服装和食品整体模块结构布局

下面是常用母婴类详情页模块结构、常用数码3C详情页模块结构布局示例图，供大家参考（图10-5）。

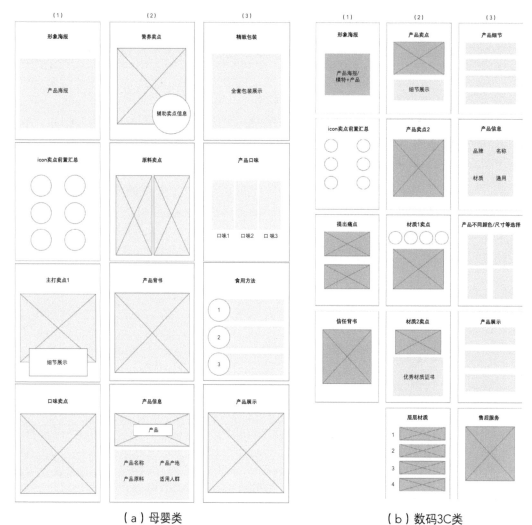

（a）母婴类　　　　　　　　　　（b）数码3C类

图10-5　母婴类和数码3C整体模块结构布局

除了上述梳理出来的一些常用结构，还有一些通用性比较强的模块，比如促销模块、痛点模块、信任背书模块，这些都可以作为主要或者辅助信息，根据产品的特征添加到自己的页面中去（图10-6）。

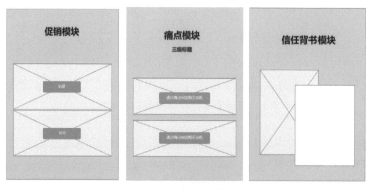

图10-6　通用性模块

## 10.3 优化详情页视觉体验

随着互联网技术的快速发展，手机成了人们获取信息的主要渠道。那么在电商设计的过程中，我们需要注意以下几点。

**（1）符合人们的阅读习惯**

在阅读一段内容时，不管在PC端还是手机端，人们的正常阅读习惯是从左到右、从上到下，也就是说人的视线移动轨迹是从左往右，从上到下的。

由于手机的横向空间有限，手机端详情页大多时候我们更倾向于采取上下排版的形式，左右布局会稍显拥挤。

手机端详情页的版式由于手机屏幕较小的原因，版式设计相对简单，常常采用以下几种版式布局（图10-7）。

在进行手机端详情设计的时候（图10-8案例），要随时观察内容呈现的主要趋势是否是从上往下的。从上往下是阅读的主要次序，并不意味着所有的版式必须是这种结构。一般会在主要的阅读顺序（从上至下）中穿插局部的从左到右的排版，特别是对文字部分的排列形式，要遵从人们的阅读习惯，让观看的人获得最佳的用户体验。

图10-7　**手机端常用版式布局**

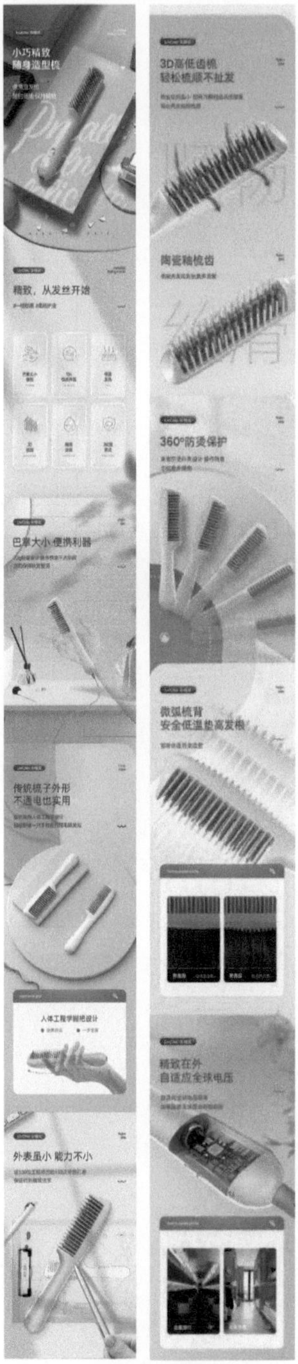

图10-8　**手机端详情设计范例**

### （2）竖版构图

先看图10-9、图10-10这组对比图片，同样是一张摄影图片，图10-9是横版构图，右边是竖版构图，我们在用手机浏览时可以看到明显的差异：左图由于屏幕横向过窄，图片伸展不开，只能在屏幕中1/3的部分显示，图片被整体缩小，主体不够突出。而右图契合了屏幕的显示，画面饱满，整体更具视觉冲击力。竖版构图的思维很重要。竖屏思维不仅仅是从设计开始，从摄影、选图阶段就应该遵循这个规则。

图10-9　横版构图　　图10-10　竖版构图

### （3）前三屏原则

在详情页中，如果前三屏还没有出现让消费者感兴趣的内容，吸引他们看下去，大概率会造成用户流失。我们要尽量在前三屏中抓取到用户的兴趣，抛出产品的亮点。

前三屏常出现的内容有促销模块、信任背书模块、痛点模块、形象海报、ICON模块。促销模块和信任背书模块基于产品，做一定篇幅的画面展示，同时配合页面调性或是需要营造的氛围即可。

从设计标准来看，形象海报和ICON的部分会更加有难度，海报作为详情页的主视觉，设计表现要迎合产品风格、用户人群的

图10-11　合成和三维

喜好，设计要求跟Banner差不多。表现形式比较多样，因为第一屏形象海报是消费者对产品的第一印象，所以设计手法就非常多样了，常见的有场景合成类的、手绘插画类的、C4D三维建模类的（图10-11）。

### （4）竖屏思维

我们常说的竖屏思维，就是一屏是一个信息单元的意思。在详情页中，将重要的主题内容以一屏为一个单位呈现，一屏尽量只呈现一个主要观点、卖点。这样每屏只呈现一个主要信息，不仅会帮助买家更快地理解画面信息，也会增强阅读滑屏的浏览体验感，提高传播信息和消费者获取信息的速度。

图10-12是一屏讲述一个主要信息设计范例。

图10-13是一屏多信息易混乱设计范例。

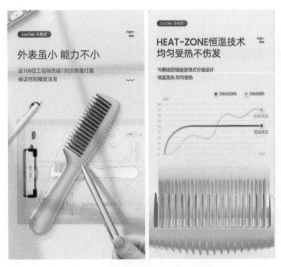

图10-12　一屏讲述一个主要信息　　　　图10-13　一屏多信息易混乱

### （5）注意画面的节奏感

在详情页的设计中，把握好整体的节奏感，让板块之间有轻重之分，买家在阅读的时候可以通过这种有节奏感的画面推送，进行更加有层次的阅读，且不容易产生视觉疲劳（图10-14）。

背景色通过深浅的变化，进而体现出画面节奏感的变化。在一个页面中，深色和浅色区域不宜过度集中，尽量不要连续几个板块都是同一色调，深浅板块根据内容和画面需要交替出现，视觉感受上要连续、平衡。

### （6）适当留白，少既是多

留白的意思就是，在画面中适当地留出空白，这个空白可能是有颜色的、有纹理的，只是没有文字或者重要的元素信息表达。留白是一种"做减法"的方式，不把版面撑得太满、留出一定空间，会让版面看起来更舒服、更透气、更有思考的空间。

但并不是所有的版面都适合留白，留白更多表现的是一种简约和高端的气质，如果画面设计是为了渲染活动氛围，或者要营造产品接地气、畅销的感觉，就不太适合留白。

图10-14　有节奏感的详情页设计范例

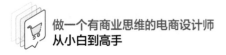
## 10.4 | 详情页的制作流程分析

在开始做之前，要充分地掌握产品信息，将产品遇到的问题和需要解决的问题依次分类和排列，然后通过对竞品的调研、数据拉取，以及一些品牌的消费报告等整理出来。

在获得大量的数据和资料后，开始筛选重要信息，将没用的、意义不大的内容删减掉，然后将你掌握的信息重新排列，反复推断，有痛点的就解决痛点，没有痛点的就制造痛点，再解决痛点。

比如顾客已经有一台空气加湿器了，为什么还想再购买一台？可能是现有的加湿器已经用了很久，水垢很多，清理不掉；也可能是这台加湿器出雾量很小，满足不了需求；或是这台加湿器太低，离地面近，容易打湿地面；还或者是这台加湿器运行的时候噪声特别大，影响休息……诸如此类的问题，都称作痛点，那么解决痛点的这个过程，就是制作信任和购买动机的过程。

在解决痛点的过程中，切记不要像产品说明书一样，把所有的功能原理都讲得特别专业、特别深入，买家并不关心机器是什么型号，研发是什么流程，技术有多么高深。消费者真正关心的是购买了这个产品以后能带来的利益。比如买了这台加湿器以后地板不用湿了；加一次水可以用好几天，再也不用频繁换水了；更安静了，终于不会吵到我了。在这个过程中，可以给予一些品牌和工艺的背书，让消费者更加信任产品。

梳理好详情的结构和痛点之后，再进行视觉风格的定位。从页面视觉上来看，颜色和调性不仅需要符合产品和人群特征，还要尽量表现出来差异化，制作一些"视觉蓝海"，视觉的新鲜感会加强人们的记忆。

> **提示**
>
> 其实详情页设计的过程就是一个提出痛点，解决痛点的过程。如果没有痛点，那就制造一个！

## 技巧 | 如何打造爆款详情页

笔者将如何打造详情页分成四大步骤。

**（1）定位阶段**

我们要了解目标人群、消费特征、品牌文化。对于目标人群，要从多维的数据更多地了解这一群人，除了年龄标签，应该还有生活习惯、工作习惯、消费习惯。其次消费特征包含：消费力、喜好的消费类型（比如他是追求实用性价比的一群人，还是追求情感上的满足）。最后是品牌文化，品牌想要向大众传递出的形象。

（2）分析阶段

主要通过五类内容来整合思路：①详情页的逻辑内容。②视觉表现形式。③文案的风格。④营销机制或其他卖点。⑤差异化。

详情页的逻辑内容主要包含基础板块（可视化卖点模块、ICON模块、模特模块、基础信息模块、细节展示模块、痛点模块、同行对比模块、信任背书模块、售后信息模块、安装步骤模块、套装/款式模块、促销模块）和其他板块，有一些特殊的类目会有一些定制类的板块，比如送货上门。

视觉表现形式主要是三类：合成、三维、插画。视觉表现形式的选择跟品牌或产品要传递出的目的和情绪有关。比如营造品牌感，或是营造促销氛围。

文案的风格和表达形式是多样的，可以轻松、严肃、可爱等，文案字体的选择也跟人群的风格和产品的受众相关。

营销机制或其他卖点是详情页的常规内容，我们需要在分析阶段将想到的内容都整理出来，方便后期归纳总结。

差异化，想要有差异化就要先了解竞品，通过了解别人再制造出来不同。这里有八个字可以很形象地归纳：人无我有，人有我优。别人没有的我有，别人有的，我比他更好。

（3）卖点差异化

有些时候我们拿到的产品可能刚好是一个新品类，不存在竞品，那这个时候应该如何来找卖点？

通过品牌，品牌背书，是否是知名品牌，品牌有没有什么资质、荣誉等。

通过工艺，产品的设计、技术、配方是否与众不同，产品的地域有没有什么独特性，或是产品有无历史属性和文化的外衣。

通过设计，是否是知名设计师设计的，有无设计奖项、设计专利，是否为特定人群设计。

通过服务，有无售后，是否有上门安装等。

通过效果，使用之后效果如何，有无科学或者医学证明。

通过价格，是否具有极高的性价比。

通过工厂，是否是自主研发，供应链有无特殊的优势，研发人员有没有特别之处。

图10-15是爆款详情方法论的思维导图分析。

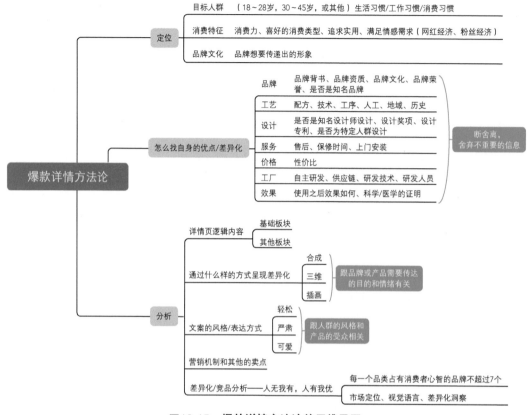

图10-15　爆款详情方法论的思维导图

## 实例 | 用 PS 制作沙发套详情页

### 思路分析

产品如图10-16，根据项目需求，我们首先规划出详情里的模块（方案如图10-17所示），分别是首屏海报、产品参数信息、网红推荐模块、产品主要卖点、设计师说、基础卖点模块、面料细节、产品实拍、颜色展示、品质保证、购物须知。

考虑到家居用品类目，所以这个项目整体的风格是舒适柔和的，在字体上，选择了宋体，以手写体作装饰，衬线体笔画细节多，更容易衬托产品的品质感，也更符合我们的设计初衷。

图10-16　产品图片

### 风格调性

家居类的产品设计有两个点需要注意：一是产

品的目标人群，二是针对这类人群当下比较流行的家装风格。消费者买的不单是一件商品，而是他心中理想的家装风格，针对目标人群做好视觉定位是好设计开始的第一步。

① 第一屏作为产品的视觉形象海报是比较重要的。画面创意我们选择的是合成+实拍的方式展示，大空间的环境搭建成本会比较高，这样实拍+合成的组合方式，既能达到我们的设计目的，也能为甲方节省成本。

画面以客厅的环境为主，融入了一些桌子、茶几等更具氛围感的元素；加入窗户可以让整个画面显得更通透；在版式上选择简约的排版布局，让画面更温馨舒适（图10-18）。

② 这里把产品信息模块提前了。因为是家居用品，大家关注的点可能是产品的型号等基础信息，这里面做了前置处理，方便客户更快地了解产品（图10-19）。

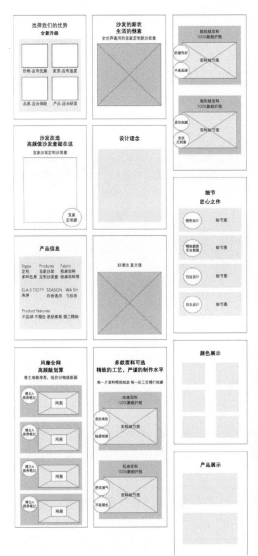

图10-17 **详情页的模块**

图10-18 **第一屏**

图10-19 **产品信息模块**

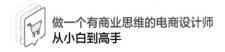

③ 因为产品是某一款网红沙发的沙发套，目标用户社交属性比较强，在小红书等网络平台比较活跃，基于目标用户的这一特征，我们设计了一个网红模块。

这一屏用目标用户熟悉的阅读方式，来体现出产品风靡全网，迎合目标用户喜好的同时贩卖一种美好生活的感觉。在版式设计上我们采用了星星点缀元素以及色块元素，以及塑料膜的质感元素，在背景质感上跟之前拉开差异，并做了过渡处理（图10-20）。

④ 这一屏内容还是以展示产品形象为主，在排版上尽量简约，营造简单舒适的视觉感受（图10-21）。

⑤ 为了增加产品的设计感、溢价感，这里放置了一个设计师说模块，结合画笔和纸张的感觉，渲染设计师精心设计的氛围（图10-22）。

⑥ 整个页面都围绕简单舒适的生活方式展开，每一屏产品形象的出现，都带出一个卖点，不浪费篇幅（图10-23）。

图10-20　网红模块　　图10-21　展示产品形象　　图10-22　设计师说　　图10-23　带出卖点
　　　　　　　　　　　　　　　的模块　　　　　　　　模块

⑦ 这一屏细节模块重点突出产品局部的细节，这里的排版采用大篇幅的细节模块，使细节更加清晰（图10-24）。

⑧ 这一屏是面料的展示，拍摄过程中由于角度或打光的问题，难免会遇见图片有色差的情况，当不同的图片放在同一个页面里面，要找准一个基准色，所有的同一产品都要无限向这个基准色靠齐（图10-25）。

⑨ 重点内容介绍完就是产品展示和颜色展示，以及品质保证这些基础模块了，图10-26是详情的完整展示。

不同类目的产品，消费者在选择的时候关注的重要信息不同，我们要在设计的时候了解消费者的购买心理，将重要的信息前置，在尽量短的时间内留住消费者观看。

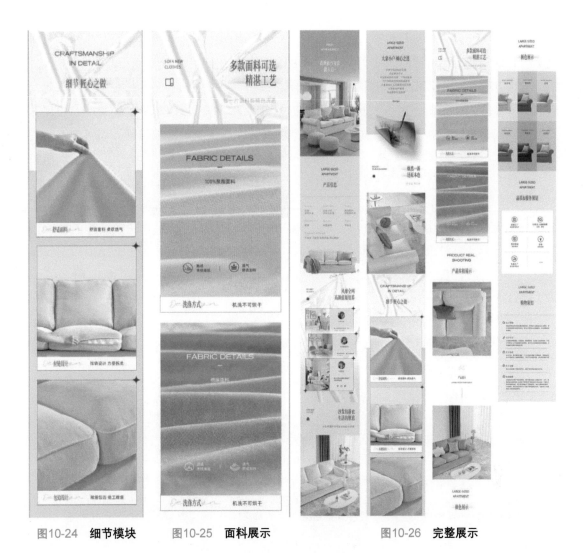

图10-24　**细节模块**　　图10-25　**面料展示**　　图10-26　**完整展示**

# 第11章　电商GIF动图制作

　　由于GIF动图能够很好地表达出细节或语言难以描述的问题，所以被广泛应用于生活中，甚至在电商设计中也时常看到它的存在。本章主要介绍电商动图的使用类型、动态详情页设计与制作等。

## 11.1 ｜ 电商动图的使用类型

　　相对于传统的平面视觉表现，动态设计具有与生俱来的优势，比如有关产品的卖点展

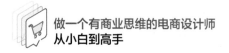
示和产品多视角展现，都会更加有趣，更有代入感，也能让消费者在更短的时间内接收到更多的信息。因为无可取代的视觉效果，越来越多的动态设计被运用到电商设计中来。

电商里动图常见于详情页中有关功能的演示、一些品牌的首页、开屏海报、KV海报等。

详情页中的动图部分多用于解释产品的功能和原理，一是比较利于复杂的功能表现，二是可以强化科技感和趣味性。而海报上的动图部分多用于制造视觉的刺激和新鲜感。将动态效果运用到产品页面中，是未来发展的一大趋势。

电商中常用于制作动态图片的软件有PS、C4D和AE等。非三维的动态视觉表现，一般是使用PS做好画面以后，再将做好的源文件分层在AE里面进行动态合成。简单的动态效果，比如单帧重复类的表现，PS也可以完成，但是AE在动态效果表现中发挥的空间更大，也更专业。三维项目用来做动态的是C4D，C4D之所以这么火，跟它卓越的动态效果表现是分不开的，在C4D中，可以完成产品从建模到后期动画的一套完整工作流程。

图11-1是动态KV使用范例。

图11-2、图11-3是动态卖点使用范例。

图11-1　动态KV使用范例　　图11-2　动态卖点使用范例1　　图11-3　动态卖点使用范例2

## 11.2 | 动态详情页设计与制作

这里分享一个用PS就可以完成的详情页卖点制作，图11-4是完成效果。

**设计目的**

需要用内部加热的动态图演示产品工作时的原理和状态。

**设计步骤**

**（1）先做静态的图片设计部分**

① 发光发热的效果在深色背景上会更明显，这里我们用一张黑色背景，将产品放进去（图11-5）。

② 统一光影。画面光源设定从左边来，按住Ctrl调出产品选区，按住Shift+F5，混合模式选柔光，再用画笔工具进行擦拭，白色擦变亮，黑色擦变暗（图11-6）。

图11-4　**详情页卖点制作效果**　图11-5　**添加背景和产品**　　　　图11-6　**添加光源**

③ 添加产品投影。新建一层图层，提取产品选区，填充一个比背景深一些的颜色，向下移动一点，混合模式选正片叠底，选择滤镜里的高斯模糊，数值为1左右（图11-7）。

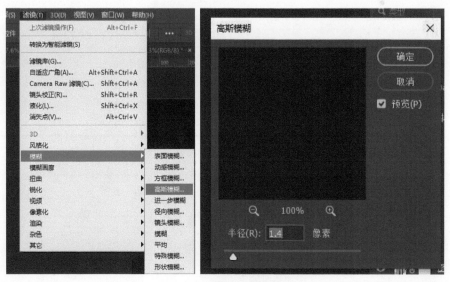

图11-7　**添加产品投影**

④ 做产品拖影。新建一层图层，勾画一个选区填充深色，混合模式为正片叠底，加一个滤镜里的动感模糊，数值拉大一点，再加一个高斯模糊，可以根据画面表现适当降低不透明度（图11-8）。

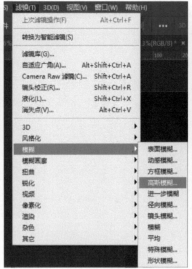

图11-8　**添加产品拖影**

⑤ 添加水壶横截面的细节。这里是为了做内部的剖面图。先做里面的烧水内容，根据产品形状勾一个矩形，找一张金属纹理图叠上去。再复制刚才的形状填充深色，用画笔填一些深红色，做出基础的发热感觉（图11-9）。

⑥ 将后面的环境色跟产品做一点发热氛围的关联。在水壶背后用红色画笔点几下，做出影响周围环境的效果（图11-10）。

图11-9　**添加截面细节**　　　　图11-10　**添加氛围**

⑦ 继续添加内部结构的细节。把水的素材叠加进去，适当调整不透明度，这里用了一个锦鲤的烟雾素材，在混合模式（强光）下更加生动、有细节。再在底部加一个图层，用黄色画笔画几下，再加一点红色，混合模式用颜色减淡，就做出发光的效果了（图11-11）。

⑧ 添加氛围光效。这里可以从素材网上搜一些光效叠加上去，黑底的混合模式用滤色，这样光圈就做好了（图11-12）。

图11-11　添加内部结构　　　　　图11-12　添加光效

⑨ 烧水肯定会有沸腾的水蒸气，添加烟雾素材让产品表现更加真实，再添加表示温度上升的箭头辅助表现，画面就会更加饱满了（图11-13）。

⑩ 根据卖点文案，将排版做好，基础画面就做好了（图11-14）。

图11-13　添加蒸汽　　　图11-14　添加文案排版

**（2）添加动态图GIF部分**

① 点击窗口里的时间轴，点击创建帧动画（图11-15）。

② 点击箭头所示图标，新建一帧，将发光箭头和烟雾向上移动，烟雾透明度降低，

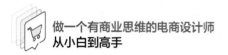

模拟水快烧开的感觉（图11-16）。

图11-15　创建帧动画　　　　　　　　　　　　　　图11-16　新建第一帧

③ 点击过渡帧动画图标，在弹出的弹窗里把要添加的帧数加大，帧数越多，最后动画过渡的效果就越平滑。然后点击播放效果检查图片播放效果，这样就做好了（图11-17）。

图11-17　设置过渡帧

除了用PS本身的功能制作GIF图外，还可以用一些辅助工具来进行GIF图的录制，下面列举几个。

① ScreenToGif。这是一款功能丰富的动图录制软件，有录像机、摄像头、画板等多种模式，可以满足我们的大部分录制要求（图11-18）。

② GifCam。一款非常简单好用的GIF录制编辑软件，软件大小也就几百kB，可录制可编辑（图11-19）。

图11-18　ScreenToGif软件界面　　　　　图11-19　GifCam软件界面

实例 ｜ **用 PS 制作蝴蝶飞舞动态图**

图11-20是蝴蝶飞舞动态图效果。

具体步骤
▶ 请参考视频 ◀

图11-20　**蝴蝶飞舞动态图效果**

步骤拆解

① 把照片拖入PS，把蝴蝶放在花上面一个图层（图11-21）。

② 复制多个蝴蝶。

③ 按住Ctrl+T再按住Alt，让每一层的蝴蝶的翅膀向中间缩放一点点，然后把蝴蝶图层隐藏，只留一个（图11-22）。

图11-21　**导入素材**　　　　　图11-22　**复制蝴蝶素材并调整**

④ 点击窗口，打开里面的时间轴，点击创建帧动画（图11-23）。

⑤ 点击图11-24所示图标可以新建帧。

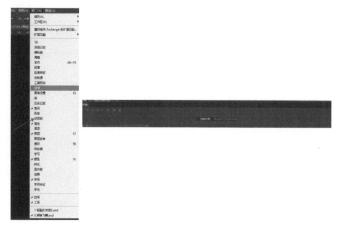

图11-23　创建帧动画

图11-24　新建帧

⑥ 图11-25设置的是画面一共循环播放几次，这里选的是永远，即一直播放。

⑦ 新建多个帧动画，每一帧对应一个蝴蝶翅膀动作，把下面的蝴蝶图层隐藏，只显示一个蝴蝶（图11-26）。

图11-25　设置循环播放

图11-26　新建多个帧动画

⑧ 图11-27设置的是每张图片的出现时长，0.2秒就可以。

⑨ 点击播放按钮可以预览效果（图11-28）。

图11-27　设置图片出现时长

图11-28　播放预览效果

⑩ 导出文件。按住Ctrl+Shift+S，格式选择GIF，点击存储，选择要保存的位置就可以了（图11-29）。

图11-29　**导出文件**

# 第12章　电商短视频拍摄与制作

短视频是随着新媒体行业的发展应运而生的一种新兴的互联网内容传播介质，由于短视频的生产流程简单、制作门槛不高、传播和分享性更强，所以在电商设计中的运用也非常广泛。本章主要介绍短视频的拍摄、剪辑、输出与应用。

## 12.1 ｜ 短视频的拍摄

电商竞争的白热化，使市场环境一天比一天成熟，商家和设计师要执行的内容越来越多，视觉标准也越来越高，特别是随着近两年短视频的兴起，视频拍摄成为了不可缺少的一部分。电商类的视频拍摄内容主要有：主图视频、品牌形象视频、安装使用视频，以及一些用于品牌宣传或者活动内容的长视频、短视频。

不同的视频类型执行标准和拍摄方式都不一样，除了跟使用目的有关系，跟平台属性也有关系，比如淘宝的主图视频更偏重对产品功能的介绍和品牌的展示。但如果是放在短视频平台（比如抖音）的视频，风格比较轻松，内容更加有趣一些，会相对弱化产品功能的讲解，因为抖音属于泛娱乐平台，太过正式、严肃的内容不能很好地留住人们观看。

在拍摄视频之前，我们除了要对产品、品牌足够了解，还要对投放的媒体、宣发的途径有所了解，在对应的渠道给出更合适的拍摄方案。在谈及具体的拍摄流程之前，我们先了解一下目前宣传视频的主要类型。

① 产品演示视频。产品演示视频常见于电商平台，传统电视广告中也有其身影。一

般的手法是以产品为主角来讲述其功能卖点或是特色。例如某洗发水的去屑功能，会从配方成分展开，再到后面的模特使用效果展示。现如今电商平台主播以直播的形式展示商品功能、卖点，也属于演示视频。

② 电视广告。电视广告是过去大家最熟悉的形式，年轻人现在观看视频广告的场景更多样一些。虽然我们现在可能是通过手机等其他媒介观看，但这种插播类的广告还是跟过去电视广告性质是一样的。

③ 动画。动画的形式比较丰富，常见的有以下几种。

二维动画：指在二维的平面空间内模拟真实三维空间的效果，比如经典的动画《葫芦娃》《黑猫警长》《猫和老鼠》。

三维动画：又称3D动画，自从C4D软件流行，电商这类的动态产品演示动画需求暴增。除了电商的动态产品视频，三维动画还出现在电视、电影、广告特效中。

动画信息图像：这种形式是将平面设计与动画结合，在视觉表现上使用平面设计的原则，在技术上使用动画制作的手段。

实拍与动画结合：将真实拍摄的场景和动画特效部分结合完成，电商主图视频、广告、电影常常用这种表现方式。

视频的形式花样繁出，随着科技的进步，视觉的不断刺激，视频必将呈现出更多新奇有趣的手法来吸引人们观看。

### 12.1.1　产品拍摄流程

在商业摄影中，一个完整的拍摄流程可以帮助团队更好地完成项目、提高工作效率。拍摄前期，需要根据产品的卖点和表现绘制草图，绘制分镜，这是对落地效果的一种预判，无论是视频还是静态摄影，落地实行都是最关键的一步。下面简单介绍一下产品拍摄的流程。

① 了解客户的真实需求。视频的文案、风格、特效等等都要根据客户的具体需求而来，不能凭制片方的主观意愿去做效果，否则在双方的沟通上会造成巨大的成本。其次在确认的过程中必须了解广告片的用途场景，是否需要请演员、租场地，片子时长，后期特效，还有是何种语言版本及配音，等等。

② 初步的方案和报价。初步的沟通完成后，待客户提出影片具体的风格、时长、规格、交片日期要求后，制片方会给出初步的落地方案以及报价，落地方案里包括了每个制作环节的日程表，以便让客户充分了解项目的进展程度。

③ 达成合作意向，并签订合同。在客户与制片方进行详细的沟通后，确定合作便会签订广告片制作合同。一般在合同中已经明确好费用、制作设备、交片日期等重要内容。这里要注意的是，要收定金，如果客户中途想放弃影片制作，需要赔偿一定的金额，具体金额根据合同来决定。

④ 收集素材，客户初稿审阅通过。根据客户要求及广告片内容、相关素材，出文案

初稿，并送交客户审阅。客户从内容上对文稿进行审阅，提出修改意见，直至文案通过。

⑤ 出分镜头脚本并送交客户审定。由导演根据现场实际情况，在初审文案的基础上，进行艺术加工，制定出分镜头脚本及广告片解说词，并送交客户审阅，客户审阅分镜头拍摄脚本及内容，并签字确定通过。

⑥ 前期拍摄。根据流程的需要，一般会由客户指派专员到现场协助拍摄、收集素材，又或者由制片方派人去收集后期制作的相关素材。

⑦ 后期制作。广告片拍摄工作完成后，需进入后期剪辑合成环节。一般的后期制作流程是先大致粗剪，再精剪，然后用达芬奇系统调色并添加特效、配音、制作字幕等，使广告片更加精致、高端、完美。

⑧ 初审与修改。在规定日期内，交出初稿成片，客户进行初审，对画面提出修改意见。根据客户意见，进行片子最后修改。

⑨ 交付成片与服务。客户审阅最终版成片，确认后支付尾款。输出成品(提供协议商定的播出文件或DVD或邮件等)。建立客户资料档案，以及其他完整的后续服务。

### 12.1.2 视频构图的基本原则

构图是一个造型艺术术语，即绘画时根据题材和主题思想的要求，把要表现的形象适当地组织起来，构成一个协调的完整的画面。构图常用于视频拍摄中，良好的构图是拍好视频的基础。构图能够对画面中的内容有所取舍，突出主体。常用的构图方法大致有以下八种。

① 三分法构图。三分法构图是最常用也是应用范围最广的构图，无论是拍摄产品还是vlog，都能给你的视频增加一点美感（图12-1）。

② 水平线构图。水平线构图是一种最基本的构图方法。画面沿水平线条分布，会传达出一种稳定、和谐、宽广的感觉。水平线构图在短视频拍摄中较为常用（图12-2）。

③ 垂直线构图。垂直线构图是沿垂直线条来进行构图，使用垂直线构图能表现出一种垂直方向上的张力，给人纵深感，非常适合竖屏短视频（图12-3）。

图12-1 **三分法构图**          图12-2 **水平线构图**          图12-3 **垂直线构图**

④ 九宫格构图。九宫格构图是短视频拍摄中一种比较重要的构图方法。不仅是视频,我们在拍照时也经常使用这种构图方法。九宫格构图法是通过横向两条、纵向两条共四条分割线将画面按照黄金比例分割。使用九宫格构图法拍摄出来的画面符合观众的视觉审美,画面具有美感(图12-4)。

⑤ 对角线构图。对角线构图是被摄主体沿画面对角线分布。与水平线构图相反,对角线构图给人一种强烈的动感,常用来拍摄运动的物体(图12-5)。

⑥ 中心式构图。中心式构图就是将被摄对象放在画面中心,突出被摄对象的主体地位。使用中心式构图会使整个画面突出主体,平衡画面。中心式构图能让观众一眼看到画面中的重点,将注意力集中在被拍摄对象上。在使用中心式构图时要尽量保持背景干净整洁(图12-6)。

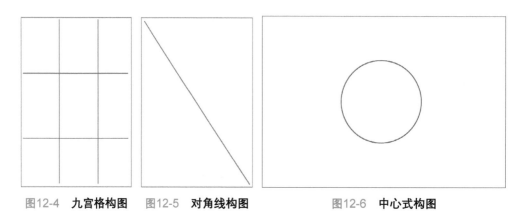

图12-4　**九宫格构图**　　图12-5　**对角线构图**　　　　图12-6　**中心式构图**

⑦ 对称式构图。对称式构图是按照某一对称轴或者对称中心,使得画面内容沿对称轴和中心分布。这种构图手法给人一种沉稳、安逸的感觉。对称式构图适合用慢节奏的镜头去表现,通常被用来拍人文景观(图12-7)。

⑧ 框架式构图。选取门框、树杈、窗户等框架式前景,能将观众的视线引向框架内的景象,营造一种神秘的氛围。这种构图方法能将被摄主体与风景融为一体,具有较大的视觉冲击(图12-8)。

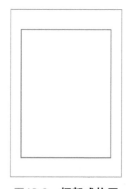

图12-7　**对称式构图**　　　　图12-8　**框架式构图**

### 12.1.3 景别

景别和角度要在拍摄前期通过草图进行策划，一份完整的草图包含：人物、环境、其他构成元素。人物部分包含人物的动作、表情、服饰，通过对人物的设定来传递画面的情绪。环境的设定会让人物的出现更合理，人物形象更饱满，以婴儿床为例，设定一个家居的环境，这样就很容易获取温馨、宝妈的形象，更有利于消费者进入到产品设定的使用情景中。其次就是其他构成元素，包含了画面的调性和视角的一些设定。

景别主要是指在焦距一定时，摄影机同被摄对象间的距离不同，可使画面上的形象有大小变化。景别一般分为远景、全景、中景、近景和特写。

① 远景。远景是指摄影机从远距离拍摄事物，镜头离拍摄对象比较远，画面开阔。

② 全景。全景镜头是表现物体的全貌，或人物全身，这种镜头在淘宝视频中应用很多，用于表现商品的整体造型。

③ 中景。画框下边卡在膝盖上下部位或场景局部的画面称为中景画面。中景在视频拍摄中占的比重较大，它将对象的大概外形展示出来，又在一定程度上显示了细节，是突出主体的常见镜头。

④ 近景。拍到人物胸部以上或物体的局部称为近景。近景能很好地表现对象特征和细节等。

⑤ 特写。特写用于表现对象的细节，这在淘宝视频拍摄中是必用的镜头。细节的表现能体现商品的材质和质量等。

### 12.1.4 角度

拍摄人物或者物品时，从多个角度拍摄更能体现事物的全貌，进行全面的展示。

① 正面拍摄。正面拍摄给买家第一印象，若是需要模特的商品，如服装和首饰等，还需要在正面以多造型进行拍摄展示。

② 侧面拍摄。侧面拍摄包括正侧面和斜侧面。斜侧面不仅能表现商品的侧面效果，也能给画面一种延伸感、立体感，因此斜侧面的拍摄要多于正侧面拍摄。

③ 背面拍摄。一般为表现商品的全貌，背面拍摄也不可少，如服装、鞋子和包包等。

## 12.2 | 短视频的剪辑

在拍摄好短视频素材后，就要对其进行润色、加工了。后期的剪辑制作能够让短视频更加完整，更受大众喜爱。

### 12.2.1 常用剪辑软件

与平时看到的手机短视频不同，电商短视频作为具有商业属性的专业度较高的短视频

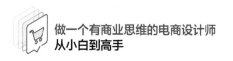

类型，它的拍摄和剪辑都需要更加专业的工具和软件。

本节以电脑端剪辑软件为主，介绍电商短视频剪辑常用的剪辑软件的特性。

（1）Pr

Pr是当下最流行的剪辑软件，广泛应用于广告制作、电视节目和短视频制作中。

（2）AE

虽然AE严格来讲是一款特效制作软件，但是也可以用来剪辑视频。由于是层级关系，不能像剪辑软件一样直观，剪起来会特别麻烦，主要用于影视特效、动态图形设计和栏目包装等，并且还可以跟三维软件结合起来用，让你把短视频做出更加炫酷的效果。

（3）FCPX

FCPX这款软件相比于Pr，稳定性更高（不容易崩溃），操作界面非常简洁，容易上手，剪辑4k以上的视频时，可以一键进行代理（代理是剪辑文件时，减少电脑配置压力的一种方法），不像Pr那样需要进行复杂的操作。

（4）达芬奇

调色是决定一个视频质量好坏非常关键的因素，达芬奇就是为调色而生，结合了专业的多轨道剪辑功能、强大的拓展性，在学到视频制作后期时，这款软件几乎是必备的。

（5）剪映

剪映是一款非常容易上手的剪辑软件，即使新手小白也可以通过软件中的一些预置剪辑出有趣的视频。软件中有大量的剪辑模板和文字特效，而且在不断地更新中，功能越来越强大。对于一些非专业性的影视工作、日常vlog、个人短视频都是非常不错的选择。

### 12.2.2　视频剪辑流程

我们可以将剪辑流程分为了解素材、分类素材、粗剪、精剪、合成输出5步。

（1）了解素材

在摄影师拍摄工作完成后，一般会跟剪辑师、后期人员沟通一下拍摄内容，比如有哪些镜头是展示产品，有哪些是跟产品相关的辅助素材。剪辑师在了解之后，需要建立相应素材的项目文件夹，大致地对素材有个基本的认识，心里有底。

（2）分类素材

正常情况下，每部影片都应该有自己的剧本，或者是文字脚本。我们就可以按照剧本或者脚本的结构、叙事发展进行素材的分类。如果没有脚本，那我们分类的时候就可以按照一定的逻辑进行。例如可以按照空间、人物、场景进行分类，也可以按照时间发展的顺序来剪辑逻辑关系进行分类。

（3）粗剪

在这一步我们要进行的工作通常包含去掉多余的重复镜头、去掉废镜头，将整个影片的故事线先搭建起来，让整个片子看起来逻辑清晰、故事连贯。

**（4）精剪**

这一步就是在粗剪的基础上对影片的细节部分进行打磨，同时这一步也可以加入影片的声音部分，调整节奏。一般包括画面镜头的精细组接、音乐的组接、音效的使用，等等。

**（5）合成输出**

最后一步要把影片用到的包装、调色等等所有部分，合成到一起，调整完成后，输出成片。输出时就需要注意格式编码和像素分辨率等等，输出前后最好多看几遍成片，如果有问题还需要再返回去修改。

### 12.2.3　视频剪辑技巧

保证视频的视觉连贯是剪辑师的基本能力，让观众在看片子的时候不会觉得很跳脱。除了基本的故事线要清晰，这里还总结了几个让你的剪辑更加流畅的小技巧。

**（1）动作衔接**

大部分情况，我们会选择在动作进行中来切换镜头，这样的衔接也称作动作顺接，就是上一个镜头在动作开始时结束，下一个镜头在动作结束时开始。

**（2）速度匹配**

前后镜头速度一致会让视觉更连贯。这里的速度不仅仅指镜头速度，往往还包括音乐节奏和运镜的速度。

**（3）画面的色彩冷暖对比**

冷镜头接冷镜头，暖镜头接暖镜头，而前后镜头的冷暖、对比颜色上也要尽量保持一致。在后期调色时也需要遵循这样的原则。

**（4）视觉中心**

视觉中心是指你一眼看上去画面的焦点在哪里，要保证一个片子流畅，那么你设定的视觉焦点尽量要在一定的范围内。

### 12.2.4　视频制作技巧

**（1）品牌广告视频制作**

制作品牌视频前，首先品牌方要确定好自己品牌宣传视频的类型，品牌宣传视频概括为公司宣传片、机构宣传片、形象宣传片、推广宣传片、招商宣传片、产品功能演示片、产品介绍片、人物专题片等多种类型，有针对企业的、针对机关事业单位的、针对产品的、针对形象的、针对人物的，也有在某一时期内，配合特定活动使用的，如招商宣传片、展会推广片，诸如此类。确定好宣传视频的类型才能进行更有针对性的策划。

**（2）产品展示视频制作**

制作产品视频前，品牌方和制片方要一起沟通确认产品的主要演示功能卖点，制片方除了要对产品、品牌足够了解，还要对投放的媒体、宣发的途径有所了解。

比如下面我们要拍摄一个婴儿床的主图视频。

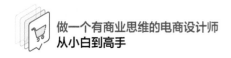
拍摄前我们会跟客户确认视频的文案、风格、特效等等，不能凭制片方的主观意愿去做效果。其次在确认的过程中需要了解，产品视频的用途场景，是否需要请演员、租场地，片子时长，后期特效，还有是何种语言版本及配音，等等。

初步的沟通完成后，待客户提出影片具体的风格、时长、规格、交片日期要求后，给出初步的落地方案。落地方案里包括了每个制作环节的日程表，以便客户充分了解项目的进展程度。

根据卖点设计拍摄分镜。设计之前要做到跟甲方充分沟通，做好市场调研工作，将重要卖点罗列出来，创造一个故事线，然后再用卖点将这些故事线串联起来。

以图12-9为例，设定的是一个妈妈哄宝宝入睡，再到宝宝醒来，陪宝宝玩耍的场景。将表现卖点的特写镜头画好分镜，方便带到拍摄现场跟摄影师沟通。

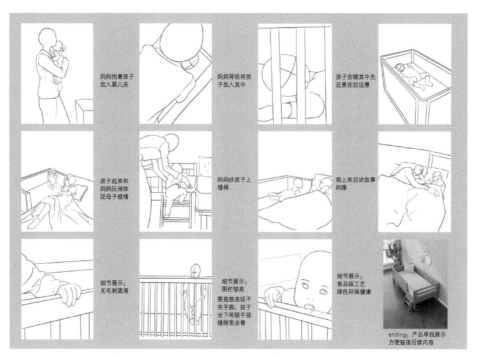

图12-9　镜头分镜草图

整个拍摄阶段分两部分，分别是睡前和睡后。婴儿的作息不规律，拍摄期间可能存在不配合的情况，那么我们就要把工作做得更充分一点，睡前和睡后的镜头都要分开做好预案。

拍摄期间可能不会按照事先设计好的镜头顺序进行，要灵活把控，只要能把需要的素材拍摄出来即可。如果模特宝宝情绪好，可以多拍几条，方便后期剪辑（图12-10）。

图12-10　拍摄过程画面

**后期剪辑**

　　开始剪辑前还要跟剪辑沟通后期想要呈现的视频风格，是轻松的，还是欢快的，剪辑和设计一样，同样一条片子可以有不同的风格，项目类别比较多的时候更要注意品牌整体调性的统一性。一般的后期制作流程是先大致粗剪，再精剪，然后用达芬奇系统调色并添加特效、配音、制作字幕等。

**完成出片**

　　客户审阅最终版成片，确认后支付尾款。输出成品，淘宝主图视频比例是3：4，常用尺寸为750×1000。

## 12.3 ｜ 短视频的输出与应用

　　现在看到的大部分视频文件，除了视频数据以外，还包括音频、字幕等数据，为了将这些信息有机地组合在一起，就需要一个容器进行封装，这个容器就是封装格式。视频封装格式来源于有关国际组织、民间组织及企业制定的视频封装标准。

　　研究视频封装的主要目的是适应某种播放方式以及保护版权。编码格式与封装格式的名称有时是一致的，例如MPEG、WMV、DivX、XviD、RM、RMVB等格式，既是编码格式，也是封装格式。各种后期软件的参数设置非常灵活，分辨率、比特率、帧速率都可以灵活设置，真正使自己掌控导出视频的大小和清晰度。

　　影响视频体积的三大因素：分辨率、帧率、码率。

　　分辨率指的就是视频输出的尺寸大小，我们经常会用到的尺寸是1920乘以1080和1280乘以720。也就是我们常说的1080P视频和720P视频。我们也可以选择自定义，手动设置视频分辨率大小。那么分辨率尺寸越大，视频体积也就越大。

　　帧率，帧率越高，画面流畅性也就越好。当然，视频体积也会随着帧率的增高而增大。默认情况下选择24帧每秒或25帧每秒就可以了，因为超过24帧每秒的视频，肉眼是基本分辨不出来的。

　　码率，码率越高，意味着每秒画面的图像信息数据量也就越多，越接近我们原素材的质量，视频越清晰，体积也就越大。但如果原素材的码率不高、不清晰，那建议码率最高

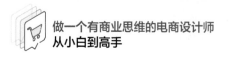

不超过原来的，如果设置高了，清晰度跟原素材一样，但是会影响体积。

### 12.3.1 常用的视频输出格式

#### （1）MPEG格式

MPEG的英文全称为Moving Picture Experts Group，即运动图像专家组格式，家里常看的VCD、SVCD、DVD就是这种格式。MPEG格式是现在最主流的视频格式之一，现在网上在线视频的格式则主要是MPEG-4，这也是一种视频压缩格式，让视频文件更小。

#### （2）AVI格式

AVI（Audio Video Interleaved）是音频视频交错的英文缩写，将视频和音频封装在一个文件里，且允许音频同步于视频播放。这种格式目前使用得也比较广泛，除了QuickTime之外，几乎所有的播放器都可以直接播放。

#### （3）MOV格式

MOV即QuickTime影片格式，它是Apple公司开发的一种音频、视频文件格式，用于存储常用数字媒体类型。当选择QuickTime（w.mov）作为保存类型时，动画将保存为.mov文件。QuickTime原本是Apple公司用于Mac计算机上的一种图像视频处理软件。我们用单反拍摄的视频基本都是MOV格式的，在某些方面它甚至比WMV和RM更优秀，并能被众多的多媒体编辑及视频处理软件所支持，在视频输出时也建议大家输出这种格式。

#### （4）H.264、H.265

H.264标准是ITU-T与ISO联合开发的新一代视频编码标准，这一新的图像信源编码压缩标准于2003年7月由ITU正式批准。与MPEG-2相比，在同样的图像质量条件下，H.264的数据速率只有其1/2左右，压缩比大大提高。通常也称H.264标准为高级视频编码标准（以AVC表示）。

#### （5）WMV格式

WMV（Windows Media Video）是微软推出的一种流媒体格式，它是由ASF格式升级延伸得来。在同等视频质量下，WMV格式的体积非常小，因此很适合在网上播放和传输。

### 12.3.2 视频的尺寸

4K：4096×2160（宽和高，下同）。

2K：2048×1080。

1080P：1920×1080。

720P：1280×720。

PAL：720×576（标清格式，电视视频的标准规范）。

iPhone 5/5s / 5c：640×1136。

iPhone 6/6s / 7 / 8：750×1334。

iPhone 6s / 7 / 8-Plus：1242×2208。

iPhone X：1125×2436。

- 第四部分 -

# 思考和提升

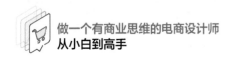

# 第13章 电商品牌全案设计流程

完整的品牌全案应该包含以下几大方面：品牌市场调研、品牌整合策划、市场整合营销策划、企业视觉识别系统（VI）设计、产品包装设计与创意、销售终端生动化创意与设计、影视广告的创意、平面设计广告的创意与策划，等等。

电商中的品牌全案（设计或视觉部分），常指从视觉策划到视觉落地的过程。

在拿到产品之后我们需要有一系列完整的策划方案，然后按照流程一步步推进，最后再到设计输出的部分。每一个成熟的团队都会有自己的流程、方法论、执行策略，充分的前期准备工作是为了更好地预判出后期的执行效果。相反，盲目地从设计开始，很有可能从一开始你的方向就错了。

## 13.1 项目设计流程

"要是能把更多的精力放在设计工作上，少费点心思在那些与设计无关的杂事上该多好"，这个困扰不仅仅发生在笔者自己身上，很多设计师同行也有这个问题。而正是那些看似无关紧要的流程和繁杂的沟通才让我们的设计业务正常进行。

好的项目流程和项目管理，可以帮助我们正确推动并明确地标记我们想要实现的目标。

下面是具体的项目流程介绍。如果你是个人设计师，也可以适当简化步骤，完整的策划和设计思路会让你的设计更有价值、更容易过稿。

（1）立项

建立项目组，安排项目的执行人，整理产品资料。这个部分的交接工作比较烦琐，在对接的时候要对甲方有关品牌的所有内容做整理归类，尽量保证完整，否则在项目进行中再向客户要资料会显得"不那么专业"。

（2）签合同

双方协商好设计费用之后，合同中一般会写明首付款（定金）和尾款的支付方式。除了付款方式，合同里面也会写明项目内容和执行时间，写明委托项目，避免中途增加设计项目而不愿意付费的行为，也是对乙方执行时间的一个约束。

（3）制定进度表

拟一份日历，标注所有客户要求的项目交付日期，在日历上标明重要节点的完成时间，比如：策划方案几号出，主KV几号出，初稿几号出。一是方便客户了解设计团队在这个时间内都在进行什么工作，二也避免了交付空窗期甲方反复催稿。

**（4）策划**

这是设计前的必要工作，策划多是从产品、人群、策略出发，基于数据和目标人群制订更适合的方案。策划阶段是需要跟客户频繁沟通的阶段，双方通过信息交流、互换，尽量达到目标和预期一致。

**（5）出方案**

完整的方案包含文案部分、卖点的逻辑部分、摄影方案以及执行标准方案。每个方案都需要跟甲方依次确认，一是确认设计方向，二也避免后期颠覆性的修改带来额外的工作量。

**（6）草图/参考**

画草图/找参考，确定调性。这部分一是为了确定拍摄风格，二是为了设计出匹配产品功能和卖点的图片，保证后面的图片能展现出想要的信息。

**（7）设计输出**

根据跟客户沟通确定下来的方案选择合适的设计方式，这个阶段建议分两部分，一是先出一部分视觉调性，不必出完整设计稿，因为客户大多是非专业人士，有可能之前沟通的方案和风格双方理解有出入，增加一步调性确认会让之后的输出更准确；二是调性确认完之后，再将剩下的部分执行完成。

**（8）交付验收**

通常交付上去的设计文件甲方都会要求修改，但我们会在合同上写明确定过方案的设计只进行方案内的修改，若是上面工作都进行完了，又要求推翻重做，可以直接拒绝。

**（9）归档复盘**

项目交付以后，执行团队也要将项目备份，因为可能随时会遇到甲方的要求："文件可以再发我一遍吗？"可能是一天后，也可能是一年后。复盘是必不可少的环节，总结项目中出现的问题，和优秀的流程、方法，避免重复的问题出现，好的经验方法形成方法论，形成团队内部自驱式的成长。

## 13.2 │ 如何更有效地沟通

多数的客户对设计都不是很了解，在项目进行中，沟通永远都是我们绕不开的话题。当客户提出了一个要求不能很好地表述清楚的时候，就需要设计师将要求拆分，通过更专业的询问来确定客户的预期。

良好的沟通才能获取足够的信息、发现潜在的问题、控制好项目的各个方面，这项工作的好与坏直接影响项目的过程控制和最终的项目质量，宁可在项目开始时多花几天时间沟通，也不要不加询问拿到项目就开始做。

我们要学会换位思考，试着从运营、用户视角来看待每个建议，例如"标题要大点"，或许是说画面并未突出本次活动的诉求点。知道真实需求后，我们就能用更合适的方式进行调整，比如将标题本身设计成主视觉或给标题添加效果等等。总之对修改建议的深度思考和理性表达，才是设计师的"正确操作"，这样才能让大家真正认可你的"专业能力"并体现"设计价值"。

**（1）项目进行中**

笔者把项目中的沟通分为两个部分，一是对内的，也就是项目执行团队内部的沟通；二是对外的，是与甲方或是项目委托方的沟通。

1）对内

① 充分了解项目需求分工，以及需求的重点部分，选对的人做对的事。

② 将项目中可能遇见的困难一定要先提出来，增进双方的相互理解。

③ 除了项目主要负责人，项目相关的其他人员也要积极沟通。

④ 所有跟项目相关的人都需要时刻关注项目的进展，同步自己的项目信息，以便随时可以从当前的工作角度给出合理的建议。

2）对外

① 多数时候甲方是不专业的，需要有足够的耐心告诉他们这么执行的原因。

② 当甲方提出不合理的建议时，可以理性拒绝，拒绝的同时最好带上你的建议和方案。

③ 养成从方案到执行一步一确认的好习惯，避免最后阶段的整体推翻重做。

④ 充分利用沟通技巧，积极引导客户的行为，提前对客户的需求进行引导。

除了良好的对内和对外沟通，设计师在执行需求的时候也是有工作流程的，养成好的工作习惯，会极大地提高你的工作效率。针对如何提高工作效率，下面分4点进行分析。

① 沟通。先通过沟通来了解详细的项目需求。

② 核心诉求。然后从中挖掘本次设计需要聚焦的诉求点。

③ 思考。再根据诉求点推导出可表现的核心概念。

④ 创意表现。最后围绕概念构思出具体的创意表现。

只有明确了创意表现，才意味着可以进入落地执行的阶段。这4个环节是环环相扣的，每个环节都会决定后面的思考和走向，最终我们通过"构思"将抽象的文字需求转换成了可被执行的具象描述（图13-1）。

图13-1　**构思创意阶段**

**（2）项目完成后**

在设计行业，往往在设计的稿件发过去之后，服务才刚刚开始。在有些情况下又会因为客户不够专业，提出来"字大一点""往左挪挪""这个白不够白"之类的修改意见，让设计师恼火。作为专业的设计师，我们要透过客户的需求了解他要这么改的原因，从根本上解决问题，而不是像一个机器一样挪挪这里，挪挪那里。适当的引导和建议，不仅能在一定程度上解决这种毫无意义的修改，也能让客户慢慢认可你的专业性。

如何让客户更容易接受你的设计方案：

① 当你稿件发过去客户不认可时，我们可以先尝试阐述自己的设计思路，这里阐述的时候要从产品出发，站在客户的立场和消费者的角度考虑问题。例如："我这样做可以更好地表现产品的特质，可以更好地展示产品的功能和卖点，消费者也更容易理解画面传达的信息""我用的某个元素是从产品里面提炼出来的，可以更好地展示产品的功能和卖点，消费者也更容易理解画面传达的信息""我选用的这个颜色跟产品有什么样的关联，能让消费者产生什么样的记忆，对产品有怎样的印象"。一定不要抛开产品讲你天马行空的想法。客户是为解决问题的设计买单，而不是为你的创意买单，再好的创意脱离了产品或者背离了设计要表达的初衷，都是无效的。

② 一些客户的修改意见看上去并不是那么友好，但是设计师作为乙方确实也有无法说服客户的时候，通常这个时候笔者会建议提交两个修改方案。一个是按照客户的要求修改，另一个是设计师在理解客户想修改的意图之后给出的修改方案，这样他可以很直观地做出对比。大部分时候客户知道这个设计没有触到他想要的点，但是不知道怎么提修改意见，所以会提出一些不合理的建议。这个时候，多一稿修改方案，不仅会让他重新思考自己的建议，还会建立你在他心中的专业性。

③ 适当引导帮客户做选择。如果我们在提交多个方案之后，客户在几个方案之间犹豫不决，你可以帮他做选择，告诉客户你推荐的方案，并阐述你选择这个方案的原因。补充：设计服务中很大的一部分工作量就是沟通，大多数甲方都是不专业的，让他们看懂设计，理解设计，并认为这个是有效的设计，是设计师要具备的"设计软实力"。

## 13.3 | 养成优秀的复盘习惯

复盘是围棋术语，也称"复局"，指对局完毕后，复演该盘棋的记录，以检查对局中招法的优劣与得失关键。通过复盘，当某种熟悉的、类似的情况再出现在你面前的时候，你往往能够知道自己该如何去应对。

我们每一次设计项目都像是一次围棋对弈，很多设计师并没有复盘的习惯，也不明白复盘的作用。做设计没有相应的总结和反思，会让自己进步缓慢，或是停滞不前。设计中我们会走很多弯路，要想避免"重复交学费"，复盘是必不可少的。

面对成功的项目时，总结出相应的方法论，让我们继续保持这种优势。例如这个项目执行得特别顺利，完结之后甲方也特别满意，那么我们可以通过复盘，把相应的设计流程整理出来，下次还可以继续使用相应的方法，还可以将这个经验分享给你的团队，从而让自己和团队的能力都有所提升。

面对失败的项目时，我们同样可以通过复盘，把问题记录下来，并寻找相应的解决方

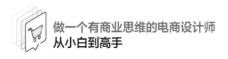

案，避免自己下次出现同样的错误。

面对没处理过的新问题时，复盘可以快速找到问题，或总结经验——快速让新手变老手；发现既有思路的盲点或误区——把弯路变成财富；集思广益，发现新的突破点——跨越式发展。

面对已经做过多次的事情，复盘可以优化流程，简化方式，提高效率；找到变量，从100分做到120分。

在职场中，如何锻炼、提高自己的复盘能力呢？下面进行具体分析。

**（1）善于记录，把想法转化成文字**

尝试把你脑子里的想法写到纸上，你会发现简单的陈述变得不容易了，大脑中的信息和想法是非常零碎的，而文字则让你有更多时间思考和梳理。不管是从逻辑性还是简练程度上，文案能力都会更加能锻炼一个人的总结能力。

对很多人来说，可能从一开始让你写大段的文章是很困难的一件事，但你可以从小事开始。比如每天写总结，记录自己的想法，这些想法可以来自于学到的知识、突然的灵感或者对某件事的看法等等。

关于记录，笔者一般先快速写下当时的想法，只写几个关键字、句子不通顺都没关系。但一定不能拖延，要不然过了那个时刻，你可能就觉得好像没啥值得记录的或者干脆就忘记了。等写得差不多了，再回头来调整语句，调整逻辑问题，就跟设计改稿一样，当时记录的是初稿，然后再不断优化就好了。切忌完美主义者，动手记录更加重要（图13-2）。

从想法转化到文字的方法

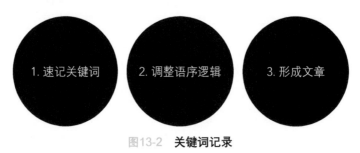

图13-2　**关键词记录**

**（2）多跟别人分享**

跟别人分享的过程就是自己梳理的一个过程，要想给别人讲明白，首先自己要明白。

---

## 13.4 ｜ 外包如何报价

每个设计师的设计水平不一样，接到的项目需求也不同，很难有一个统一的报价。影响设计报价的元素也很多，比如项目的难度、紧急程度等等。如果只是普通的外包项目，可以通过这个公式来报：

【（你的月薪÷22天÷8）×预估时间】×2倍的价格

如果你是一个手速非常快的设计师，你可以按照行业的平均效率来估算这个时间。前期的沟通也可以算作工作成本，因为涉及资料搜集、品牌了解、设计方向探讨等等，这期间要将工作量大体做个预估，也可以直接按照项目难度和工作时间长短来定价的。为什么是2倍的价格？因为设计并不是当你的稿件提交上去就完成了，往往很多时候设计稿发出去只是项目的开始，如果遇到要求高的×3也可以，这个需要具体情况具体分析。

这个公式不是固定的，我们在接到需求的时候可以灵活一些，一般一些大公司的设计师或者比较知名的设计师的收费溢价就比较高，这个可以称作经验加成或者"大厂"光环，可以从另外一方面佐证你的设计和理念更优秀。设计是商品，也是一项服务，没有标准定价，你各方面的能力，包括设计之外的沟通力也是你的软实力，主要衡量的点就是这个价格值不值得你付出这段时间。

**（1）报价举例**

小明同学从事电商设计行业，月薪是1万元，那么他的时薪就是10000÷22÷8约等于57元。今天他接到一个外包详情页的项目，大概需要20个小时完成，每天利用下班后的4个小时，也就是需要5天才能完成。所以他的报价就是57（时薪）×20（工作用时）×2＝2280，大概可以报2000~2500之间，如果客户要求比较高，或者后期修改比较频繁，可以×3或者×4。

在接到外包项目的时候有两个关键点是需要注意的，一是定金，二是合同。

**（2）定金**

定金建议不低于50%。设计也是商品，而且是高度定制化的商品，它不能像衣服鞋子一样不合适退掉还可以卖给别人，所以收取定金是设计对自己负责的行为。

**（3）合同**

合同，必须要签。为什么越大的公司越要签合同，因为对于大公司来说，他们更怕遇到一个不靠谱的人，比如项目做着做着不做了，或者是没有按照约定好的时间交付，这对于大公司来说都是损失巨大的。

比如a公司安排好了一场新品发布会，就等这个设计海报在现场使用，设计在做了几天之后告诉甲方进行得不顺利，无法按时交稿，那么后续给甲方带来的损失不可估量，总不能因为一张海报没有按时交付推迟发布会吧。对于小的个体来说，合同就是相互制约的，一方面保障自己的权利，另一方面也是对双方的一个约束。

---

**实例** ┃ **制订一个电商视觉设计方案**

**需求内容**

婴儿床详情全案

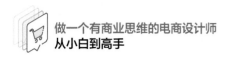
**执行内容**

产品拍摄+方案策划+主图视频（摄影+Pr剪辑）+详情设计（PS）

① 立项沟通：设计是解决问题的过程，很多时候从设计师角度看到的问题并不是问题的本质。比如当你想把一个设计土气的页面改造成高大上的风格，客户也许并不需要这样的解决方式。情况通常是：甲方的这个页面已经有了客户群和销售基础，设计需要迭代，但更新既不能伤到老客户，又能从视觉上进行升级。

这个项目在跟甲方沟通过之后，我们了解到的需求是这样的：母婴寝具是一个竞争非常白热化的品类，头部的商家品牌力都比较大。作为一个不太有名气的小品牌，我们不仅需要在视觉上提高原来页面的产品表现力，还要给它创造一些额外的情感价值，才能帮助品牌创造更多的溢价。

② 了解项目背景（图13-3）。通过跟客户的沟通还有我们对市场、品类的一些调研后，我们做了一些信息梳理：在更关注孩子成长的今天，科学养育、更健康的陪伴式成长寝具是品牌的主要攻克方向。品牌的系列包含了各类的婴儿床，床垫满足0~12岁各阶段儿童成长的需要，天然健康、一物多用是品牌可以坚守的可持续发展战略。

**项目背景**

· · ·

翊霖峰是一个沉浸在婴童寝具近10年的品牌，拥有自己的生产线及良好的行业口碑。

寝具是品牌的主要攻克方向，品牌的系列产品包含了各类婴儿床、床垫，满足0~12岁各阶段儿童成长的需要，天然健康、一物多用是翊霖峰坚持并坚守的可持续发展战略。

图13-3 **了解项目背景**

③ 接下来是数据调研部分，通过对竞品、人群、品类和市场的数据洞察，获取这部分目标人群的消费特征。通过对人群画像的标签化，我们可以让目标人群的特征更加具体。

**人群范围**

90后新生代爸妈，更加年轻的父母，他们在选择产品时非常有自己的主张，因为更年轻，接受新兴品牌、事物能力都很强。

**市场反馈**

宝宝是家庭重要成员，特别是新生儿和幼儿阶段，受到的关注度更高，所以在选择产品时会更加注重品牌、口碑等，产品质量不过关将对孩子产生直接的危害。

**消费心理**

父母在孩子的消费预算上是比较充足的，甚至在一些好的产品上面愿意超预算支付，比如购买儿童床这件产品，他们购买的不仅仅是功能，还是孩子健康成长的保障。

**消费需求**

在满足宝宝成长需求的同时，新手父母还会有一些隐性需求，比如"更省事""更便捷""更值得炫耀"，因为这一代人群的社交属性非常重，他们是伴随互联网成长起来的一代，关注宝贝成长、取悦自己、乐于分享、热衷网络，是这一代父母的重要个性特征。

**信息包容性**

新时代的年轻人信息获取速度非常快，接收信息的平台也非常多，他们可以接受更加多元化的设计、更有主张的新兴品牌（图13-4）。

图13-4　**分析人群画像**

④ 接下来从四个方面进行消费者分析，分别是显性需求、理性需求、社会需求、心理需求，可以去各大孕婴平台去关注一下新手父母的问题，还有相关竞品、行业的一些数据报告。

**显性需求**

顾客有明显的购物倾向，比如进店就问奶粉、奶瓶、纸尿裤、辅食、玩具等。那对于婴儿车这个产品，最直观的显性需求就是"安全"。

**理性需求**

是指人在理性的情况下的购物需求，就是能很好地根据自己的财务或需要状况来决定是否需要购买或消费。对于宝宝睡觉的寝具，妈妈和宝宝都想各自睡个安稳的好觉，宝宝较小的时候喜欢身边有人，离开妈妈就会苦恼，但是多人挤在一张床上时，一是空间较小，二是怕对宝宝造成不必要的挤压。

**社会需求**

这一阶段内妈妈们希望锻炼孩子独立入睡的能力，尽早地可以培养分床的习惯。

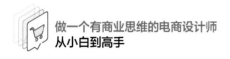
### 心理需求

心理需求有很多层次。马斯洛总结了需求层次理论，除了生理需要之外，还包括安全、爱和归属感、被尊重、自我实现。在这个产品里，宝妈的心理需求是可以看到孩子独立入睡，健康科学的睡眠可以给孩子创造更好的成长条件（图13-5）。

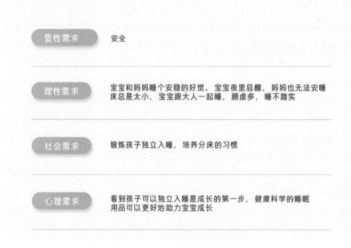

图13-5　**分析消费者需求**

⑤ 深刻地了解用户群的生活习惯、消费心理会有利于我们对产品卖点的挖掘和品牌风格的定位，通过不同的标签，用户画像会变得越来越清晰（图13-6）。

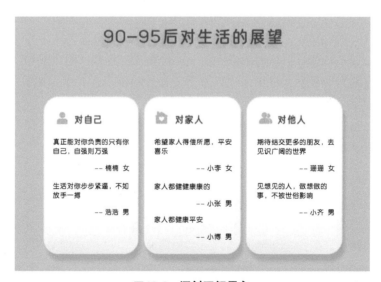

图13-6　**深刻了解用户**

⑥ 数据调研完之后，会有相应的方法论来推演出有关视觉设计和品牌传播的一些营销点。寝具属于高关注型产品，关注率高，消费者会通过各种途径深入了解产品。高关注

度的产品通常用于了解产品的时间比较长，现在各类购物和社交平台有很多，用户可能会在各种各样的平台了解到产品信息，比如抖音、微信、微博、快手、知乎、豆瓣、宝宝树等等。通过各种平台了解产品，再到专业的购物平台去下单购买，这是高关注度产品的解决策略。

与之对应的低关注度产品，消费者的购买决策会比较快。凭借用户惯有的习惯，会直接根据需求按照自己的消费能力进行购买。

当同类产品差异化越来越小时（即同质化），就越易引起价格战，这是行业的通病，这个时候品牌自己的主张和传递的情感就会更加重要，洞察消费者的购物习惯和需求痛点也就更加重要（图13-7）。

图13-7　分析高关注和低关注产品类型

⑦ 分析阶段完成之后，会根据掌握的信息制订视觉策略。大概从三个方向——品牌感、内容网感、健康科学三个方向来呈现。品牌感是首先要营造的，母婴类目是视觉标准较高的一个行业，消费者会从视觉上感知这个品牌的品质和信赖度，缺乏品牌感的产品，会影响这类高关注度产品的决策行为。

内容网感是从当下的消费认知环境出发，各类社交平台、网红达人，让新手爸妈离网络内容非常近，内容网感元素的添加会更易赢得他们的好感。基于前面两个大的定向之后我们提出了：健康科学的成长寝具。健康舒适是刚需，但是科学育儿会更容易打动新手父母，加入科学选材、科学设计的概念也更容易创造出产品溢价，是一个很好的与竞品创造差异化的卖点（图13-8）。

图13-8　视觉解决方向

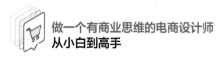
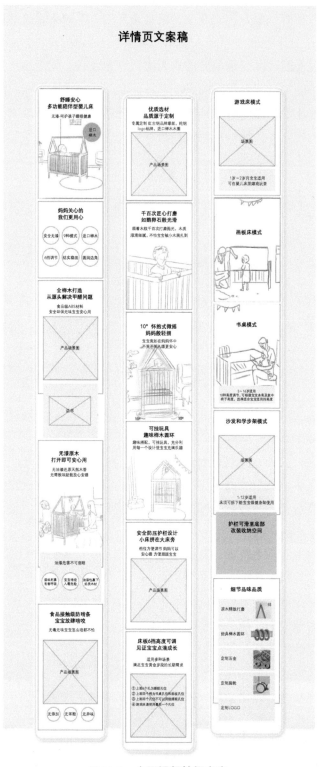

⑧ 整体风格确认以后，开始出策划方案和分镜草图，确保在拍摄现场能按照方案执行（图13-9）。

图13-9　主图视频拍摄方案

⑨ 方案确定后，会跟甲方选模特，看模特的表现力和模特风格的演绎。模特确定下来之后约场地准备道具。拍摄现场人会比较多，因为视频和平面拍摄是同时进行的，现场一定要提前分好工，不同项目有不同的负责人跟进，以保证有条不紊地进行（图13-10）。

图13-10　现场拍摄过程

⑩ 后期设计出图。

⑪ 交付修改。设计稿件提交过去之后，双方会进行沟通修改。沟通修改的过程中良好的服务、合理的意见都会更快地推动工作开展。

⑫ 项目归档。全部工作完成以后，设计交付的时候将文件整理好，图层分组明晰，拍摄及现场素材都尽量完整地交付给甲方，做好备份说明。这里乙方、设计师也要做好文件备份，以备以后不时之需。

# 第14章　设计师的自我提升

设计行业更新较快，灵感和脑力的比拼日新月异，今年特别流行、特别前端的设计，明年再使用可能就已经过时了，所以作为一个设计师，自我水平的提升至关重要。

## 14.1 │ 给自己制订学习计划

设计软件层出不穷，设计行业需要学习的软件技能也非常多，如果盲目跟风去学热门软件，或者盲目地学习所有的软件技能，不仅花费的精力和时间非常多，而且对工作的帮助也有限。在学习之前要先建立正确的学习目标，有目的的学习才能真正地帮助我们解决工作中的问题。

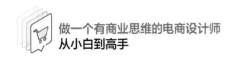
对于在职场中的我们，很难完全抽出完整的时间学习，都是利用碎片化的时间来提升自己。笔者的习惯是会给自己制订年计划和月计划，制订年计划后，再将年计划分解成月计划，督促自己一步一步完成每个月的小目标，到了年底就会发现完成了大目标。

我们还可以将学习计划和职业规划串联起来，比如你的目标公司是A，那么你可以先了解A公司的招聘要求，看招聘要求中需要掌握的工作技能是什么，然后根据这些要求有目的地提升自己的技能。

**（1）提升版式设计与平面构成的能力**

版式设计与平面构成是视觉类设计师必须掌握的基础技能，可以说是万能的设计技能。无论你是从事平面设计、电商设计，还是从事视觉设计等，都需要用到版式设计和平面构成。平面构成也是设计当中比较难学的一项技能，不是一朝一夕就可以轻松掌握的，需要从易到难、长期学习。无论你是处在哪一个阶段的设计师，如果觉得工作遇到了瓶颈，作品提升不明显，不妨尝试提升自己的平面构成和版式设计相关的能力。

**（2）提升审美水平**

设计师可以不掌握太多的软件，但是一定要有超前的审美。软件只是设计师达到目的的工具，绘画大师使用最便宜的铅笔依然可以绘制出动人的作品。审美一方面作为设计师的灵感来源，另一方面可以帮助设计师检查日常工作当中作品的不足。要想提升审美水平，就要在平时的工作学习生活当中，保持浏览大量设计作品的习惯。

**（3）掌握合适的软件技能**

设计师是不是会的软件越多越好？答案是否定的，同类设计软件只要掌握1~2种就好。学得太多、太杂，不仅花费了很多的时间和精力，还会造成每个软件都只会一些皮毛，技艺不精的情况，而且不常使用的软件技能很快也会忘掉。

**（4）锻炼沟通表达的能力**

设计师不是艺术家，大多数设计师的设计作品是要服务于客户、服务于商业才有价值，需要满足的是客户的需求，而不是设计师的个人需求。无论是与客户沟通、与团队沟通、与上级沟通，都需要清晰地把你的设计想法表达。如果沟通不到位，可能会大幅度增加后期改图的工作量。一些大型的设计项目，后期还需要设计提案汇报等，如果不能清晰表达，很可能因为方案无法被客户理解而被否定。

设计是一项需要实践和积累的工作，能够快速提升能力的方式往往是大量实践。在制订学习计划的时候，我们要根据自己的工作方向，以一专多能为目标。即，先掌握一项一技之长，再围绕这个专长拓展辅助技能。以电商设计师为例，你的一技之长应该是版式设计或卖点可视化的表现，而掌握ICON设计可以丰富你的详情页的图标内容，掌握图片精修可以帮助你更好表现产品，但是并不需要你掌握画册和包装的设计等。

## 14.2 | 在实践中不断提升

我们习惯用自己熟悉的方式、顺手的软件、惯用的套路来解决问题，不想尝试改变，一方面是害怕失败带来的痛苦，另一方面是对失去现在舒服的生活方式。如果想改变现状实现新的突破，或是想达到更高的水平，那就要跳出舒适圈，挑战自我、进行创新。而且设计市场一直在飞速发展，从事设计行业工作的人也越来越多，市场和企业对设计的需求和标准也会越来越高，设计师如果不能不停地实现前进和突破，随着时间的推移，很容易被市场淘汰。

**（1）明确做设计的基本标准**

之前提到过，设计师不是艺术家，大多数设计师做设计的商业价值主要体现在能不能满足客户需求，无论是商业需求还是客户的个人需求，设计师需要把客户的需求整理消化再通过自己的专业技能清晰准确地传达给观看的人，一个好的设计作品应该达到以下3个标准。

① 传达功能。不应该缺失最基础的传达功能，举例：客户想要做一个海报，或是宣传，或是招商，或是说明，不应该因为设计手段影响海报基础信息的阅读。

② 美观度：科学地运用色彩、合理地构造空间、版面，在不影响传达的基础上优化画面美观度。

③ 趣味性：画面组合根据需要应有简单的逻辑或故事信息，使整个画面更耐看，更吸引人。

**（2）敢于推翻**

设计工作其实就是反复修改验证的过程，一个耐看有用的设计一定是磨砺出来的。对于不合理的设计，不清楚的传达，要敢于推翻，不能得过且过，要跟设计方案"死磕"。

**（3）接受被否定**

设计师经常会遇到客户否定设计方案，工作需要重做的情况，刚入行的设计师容易产生很多情绪，气馁、委屈或者愤怒。其实，设计师的目的和客户的目的是一样的，被否定只是现在的方案不能满足客户的所有需求。设计师要养成一种多方案考虑的习惯，从一开始了解需求的时候，就考虑三种左右的设计方案，便于客户选择。当被否定的时候，不要着急，一方面将自己的方案解释清楚，另一方面尽量沟通清楚现有方案哪一部分是可以的，哪一部分是不满意的，了解清楚需求后再修正方向重新制作。

# 附　录

## 一、人群的精准定位

拿到设计需求时，我们首先要了解产品的目标用户，通过对目标用户的需求分析以及用户关注的卖点，再围绕用户关心的卖点进行展开描述，强化卖点，加深卖点在用户心中的印象。

为了能够对人群精准定位，淘宝用数据将人群精分为8大类：Gen Z时代、精致妈妈、新锐白领、资深中产、小镇青年、都市蓝领、都市银发、小镇中老年。品牌会围绕各自的目标人群来做视觉设计和营销推广。

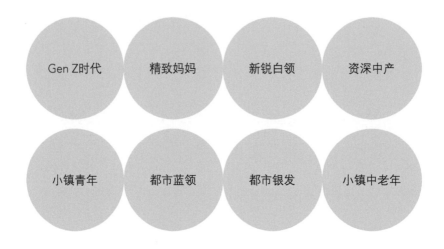

这八大人群的基础属性和消费特征如下。

**（1）小镇青年**

18～30岁，居住在四线及以下城市。小镇青年们消费紧追都市潮流，但相比大都市，他们所处城市的低房价、低消费水平使得他们没有过高的经济压力，慢节奏的生活让他们有充足的闲暇通过网络游戏、直播、短视频等各种方式进行休闲娱乐。可观的可支配收入与充足的可支配时间，使得"小镇青年"们成为重要的网购潜力人群。

**（2）Gen Z**

95后、00后，以学生群体为主，居住在一二三线城市。成长于互联网时代，热衷于利用互联网购物消费和休闲娱乐。他们居住在高线城市，消费活力最旺盛，对网购青睐有加（近70%Gen Z网民线上消费占总消费的比例超过40%），在大快消平台人均消费额年均增速最快（2016～2018年年均增幅约为30%）。他们勇于尝新，对新奇有趣的事物充满热情，更看重潮流，对品牌的忠诚度较弱。此外，他们热衷于利用互联网发展自己的兴趣圈子（如宅文化、二次元、游戏等），进行小众社交。Gen Z也是特别关注外貌的颜值一族，是美妆（尤其是彩妆）品类增长的主要贡献者之一。

### （3）精致妈妈

孕期到小孩12岁以内的女性，居住在一二三线城市，消费能力L3及以上。高线城市的精致妈妈们肩负多重角色：除了关心自己的健康美丽，也对孩子的健康成长充满殷切希望，精心安排全家的生活点滴。她们作为家庭主要的购物者，在快节奏的都市生活中，愿意花钱买便利，热衷线上购物，线上消费力最强。她们在大快消平台购买的品类和品牌数量多，购物频次最高，单次购买金额也最高。她们尤其重视产品的健康与安全，不断推动品类高端化升级，也热衷于通过海淘渠道购买海外原产的高质量产品（如进口奶粉、辅食等）。

### （4）新锐白领

25～35岁（85后，90后），居住在一二三线城市，公司职员、公务员、金融从业者等为主，消费能力L3及以上。新锐白领们仍然处于事业奋斗期，工作节奏快，对消费便利性要求高，青睐线上渠道。年轻而有活力的他们，购物热情旺盛，在大快消平台的人均支出较高，且保持快速增长（2016～2018年年均增长约为20%）。同时，他们乐于尝试新鲜事物，热衷"种草""拔草"，对新品牌的接纳程度高，并对提升自我价值十分关注（是健身、知识付费等消费的主力）。高收入的他们，也面临着高消费、高生活成本（如房价）的压力，因此被称为"隐形贫困人口"。

### （5）资深中产

35～49岁（70后，80后），居住在一二三线城市，以公司职员、公务员、金融从业者等为主，消费能力L3及以上。资深中产们事业发展已进入更为成熟的阶段，多数职位已达到企业中层及以上级别，对新事物的追逐以及消费热情较年轻一代稍弱，拥有更加理性的消费观。他们线上购物注重品质，高端产品占比高，线下购物则注重体验。

### （6）都市蓝领

25～49岁，居住在一二三线城市，消费能力L2及以下。都市蓝领生活在高线城市，主要从事餐饮、运输、零售等行业的工作，大多居住在城市郊区。由于通勤时间较长，他们在上下班途中往往通过手机娱乐打发时间。生活在电商基础设施完善的高线城市，受城市中产群体的影响，他们也熟悉线上渠道。但相对新锐白领、资深中产等人群，他们收入偏低，加之城市较高的消费水平、家庭各项支出的压力，在购物中较为追求性价比，与中产群体在大快消平台的人均消费额差距较大，年均增速也较为平缓（2016～2018年年均增幅约为5%）。

### （7）都市银发

50岁以上，居住在一二三线城市。都市银发一族拥有较为充足的退休金等收入，是"互联网隐形金矿"。他们线上购物习惯仍待进一步培养，渗透率偏低。受节省消费观的影响，他们线上购物时追求性价比，偏爱折扣产品，在大快消平台的人均消费额持续下降，且降幅最大（2016～2018年年均下降约20%）。他们重视亲戚、朋友关系的维护，也偏爱简单的沟通方式，因而社交裂变拉新对他们的影响较大。

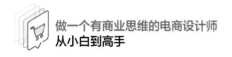
### (8)小镇中老年

大于30岁，居住在四线及以下城市，手机和电脑都是他们主要的上网工具。他们的生活节奏慢、休闲时间多，喜欢通过线上观看视频、新闻等消磨时间。受消费习惯和收入水平的影响，线下仍是他们主要的购物渠道（线下购物也满足他们一定的熟人社交需求），线上消费偏低，2018年在大快消平台的人均消费额最低，以跟随性消费为主。与都市银发类似，重视熟人社交的他们也是社交裂变拉新的主要参与者。

下图是八大策略人群关键词。

每一个产品都不会适合所有人，它会有自己特定的目标人群，这部分人群会有自己的个性和消费特点，设计要从分析目标人群开始，才能对产品有更精准的设计定位。

## 二、常见的电商促销节日主题活动

众所周知，电商是一个非常会"造节"的行业，各种节日被平台和商家打造成"促销节日"，做好各类电商主题对于设计师而言，不仅仅是要过硬的设计基本功，还要了解节日的主旨和要传达的情感。

电商常见的促销节日如下。

一月：元旦、年货节。

二月：春节、春节不打烊、情人节。

三月：38女王节、植树节。

四月：家装节。

五月：母亲节、劳动节。

六月：618大促、端午节、高考相关促销。

七月：建军节。

八月：818、七夕、开学季。

九月：99大促、教师节、中秋节、国庆节。

十月：拼多多双十大促、重阳节活动、万圣节。

十一月：双十一。

十二月：双十二、平安夜活动、圣诞节活动。

下面对常见的电商促销节日的主题活动进行分析。

① 七夕节、情人节。

节日意义：这两个节日是关于爱、浪漫的节日，商家会引导情侣或夫妻在节日这一天互送礼物来表达爱意或友好。

设计重点：一般会围绕产品做一些爱和浪漫的氛围，常见的设计元素比如：心形、玫瑰花、花瓣、气球、牛郎织女等，来渲染整个页面的情调。

② 开学季。

节日意义：不属于传统节日，是学生假期后返校前后的一个促销节点。

设计重点：一般会围绕校园、老师、学生来做一些元素的延展，常见的设计元素有：黑板、书本、眼镜、学士帽、讲台、书桌等。

③ 双十一。

节日意义：双十一购物狂欢节，是指每年11月11日的网络促销日，非传统节日，是电商各种促销活动中最重要的一个节日。双十一已成为中国电子商务行业的年度盛事，并且逐渐影响到国际电子商务行业。

设计重点：不限元素、不限风格，主要是营造促销的氛围感。

④ 双十二。

节日意义：双十二购物狂欢节顾名思义是每年12月12日。继双十一购物节之后，各大电商网店又将12月12日打造成了年度大型的网购盛宴。促销包含各个类别的商品，包括女装、男装、母婴、居家、数码家电、化妆品等大类。

设计重点：作为双十一节日的姐妹篇，双十二营销物料的设计方向也是不限元素、不限风格，主要是营造促销的氛围感。

⑤ 年货节。

节日意义：指春节前的年货促销节日，是中国传统节日里最重要的一个节日。

设计重点：除了大促氛围的渲染，经典的中国风元素如：对联、鞭炮、祥云、舞龙舞狮、灯笼、卷轴、古风建筑等都是常见的装饰。

不同的电商节日主题会有不同的氛围，比如情人节，一定是浪漫的，基于浪漫的主题上，可以赋予它不同的色调。比如蓝色、粉色、金色等等。比如母亲节，一定是温馨的，表达亲情的爱与温暖。同样是表达"爱"，情人节和母亲节的活动氛围传递出来的情感就会是不同的，这些都是设计中要特别注意的问题。

# 三、设计工具推荐

① Snipaste。取色神器，全程快捷键实现显示颜色色值，复制当前颜色RGB色值，支持各种颜色格式的转换。

② Kuler。专业配色调色，可以以插件的形式安装到PS中，有多种预设好的配色方式

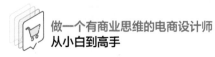
和配色方案，可以根据选择的主色推荐配色。

Snipaste      Kuler

③智图。全平台免费图片压缩，支持文件夹压缩和离线压缩。

④Snip。高效的截图工具，支持滚动截屏。

智图      Snip

⑤花瓣采集。浏览器插件，一键收集网页图片，支持滚动截图、选择区域截图，方便构建自己的素材库。

**花瓣采集**

⑥ Smash Illustrations。免费矢量插画角色包，提供矢量文件下载。

⑦ CND设计网。可以搜索包含相同文字的logo，在设计字体的时候可以用来参考字形。

Smash Illustrations         CND设计网

⑧ ls.graphics。包含收费和免费的样机下载，免费样机也非常好看，在日常制作提案时经常用到。

⑨ 西田样机。高质量免费样机素材网站，多为包装展示，在制作logo提案时非常方便。

ls.graphics         西田样机

⑩ Remove。在线抠图，全自动100%且免费。

Remove

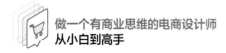
⑪ 稿定设计。一款在线的设计软件，拥有大量的设计模板和视频模板，涵盖了媒体、电商、教育培训、金融保险等各类设计场景的设计内容，不需要会设计，就可以在线编辑。

稿定设计

⑫ 包小盒。这是一款在线的3D包装设计工具，里面有大量的包装设计样机，还有各式各样的包装盒型，贴图方便，可一键生成3D效果图。

包小盒

# 四、优秀设计资源推荐

① Adobe Color。Adobe官方的配色软件，各种识色和配色模式，无论对新手还是老手都非常友好，可以调整色相、明度、饱和度，有海量的配色方案。

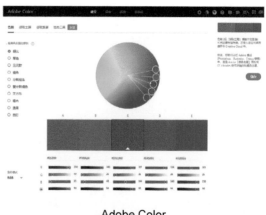

Adobe Color

② Behance。国际著名设计师交流社区，有着大量多种类多方向且质量上乘的设计作品，是设计师提高审美绕不开的一个网站。

③ 站酷。国内设计师交流主流论坛，对设计上传作品有基础的分级制度，方便设计师分类参考。

Behance

站酷

④ 花瓣网。国内著名设计灵感集中站，提供大量可参考的灵感创意。

⑤ 字由。为设计师量身定做的一款字体管理软件，除了基础的清晰展示免费/商业字体外，字由还支持看图识字，用户遇见好看但是不知道名称的字体时，字由可以识别出名称，对应展示每款字体的应用案例，便于设计师调用。

花瓣网

字由

⑥ Iconfont。国内功能很强大且图标内容很丰富的矢量图标库，提供矢量图标下载、在线存储、格式转换等功能。

⑦ Pexels。免费图片视频素材网站，尺寸超大。

Iconfont

Pexels

⑧ Freepik。知名素材网站，海量免费矢量图片和PSD素材。

⑨ Transparenttextures。百变纹理，海量无缝纹理，是在设计工作当中非常实用的纹理下载网站。

Freepik

Transparenttextures

# 五、矢量插画

近些年，扁平插画、2.5D风格插画、噪点插画、AI混合插画等矢量插画，成为设计行业中较为流行的表现风格。矢量插画在印刷品、网页、UI、H5等项目中使用都是非常合适的，尤其是在素材有限或质量不高的情况下，矢量插画往往能起到非常不错的效果。

学习矢量插画首先要学习矢量软件，AI是当下无论功能还是应用都比较好的矢量设计软件，AI全称Illustrator，与PS同为Adobe公司出品的设计软件，软件布局与PS类似，很容易入门。

下面通过一个简单的教程介绍制作矢量插画的工作流程。

下图是人物头像矢量插画效果。

（1）运行AI，在AI中新建2500×1500的画布（根据需要设定），颜色模式为cmyk模式。

（2）绘制人物的头部。选择矩形工具快捷键W，绘制出一个矩形后，拖动矩形的四个点让其变成圆角矩形，颜色为#F7C2AF。

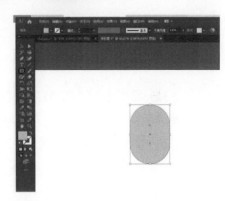

提 示

画出形状，在制作扁平风人物插画时可以用基础的图形进行搭建。由人物头像的结构分析得出，扁平风的插画可以由图形组装而成，但是组装这一步大家要注意形状的比例，比例不同画面感也有很大的不同。

（3）这里需要注意头部的比例。根据任务的不同，绘制的方式也是不同的；要注意矩形的颜色，绘制出来的肤色不同给人的感受也有很大不同。从下图分析可以看出矩形的宽度高度是很重要的，可以表现人的胖瘦，颜色决定肤色和风格。

（4）按照步骤（2）的方法，用矩形选框工具，绘制人物的颈部。这里需要注意脖子的宽度不能过宽，大概是头部宽度的1/3宽一点点就可以了。

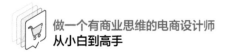
（5）选择钢笔工具绘制人物的头发，这里我们选择钢笔工具进行绘制。

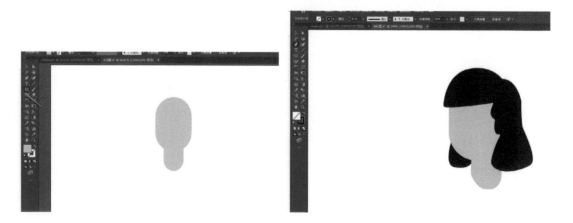

（6）头发是让人视觉感官比较强烈的部位，发型不同，人物的气质也是不同的。下图中根据不同的人物风格设计了不同的发型。

（7）人物眼镜和眼睛的绘制。这里我们选择椭圆工具画两个不同颜色的椭圆。

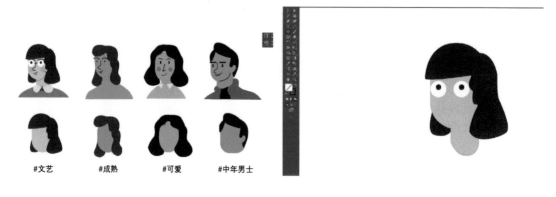

（8）由下图可见，眼睛的形态不同显得人物的风格也不同。圆形的眼睛，显得人物比较呆萌，椭圆形的眼睛显得人物比较文艺。

#可爱　　　　#成熟　　　　#文艺　　　　#幽默

（9）用钢笔工具绘制出鼻子和眉毛，这里鼻子和眉毛传递的情感与眼睛也有相似之处，会让人感受到很大的不同。

#可爱　　　　#成熟　　　　#文艺　　　　#幽默

（10）用椭圆工具和钢笔工具绘制出人物的腮红部分和嘴，做法跟前面步骤一样。这里需要注意的是，图层的前后关系，比如下图中，头发是最上面的图层。

（11）用钢笔工具画出人物的细节和衣服部分，完成单个任务的绘制。

# 六、常用的logo灵感网站

设计是源于生活的，通过日常生活中事物的观察理解，再做变形和概括，在日常工作中要积累和总结。这里分享一些常用的logo灵感网站。

① logo大师。这是一个专门的logo设计垂直平台。

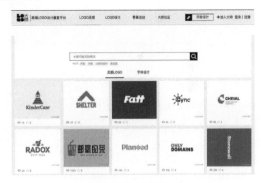

logo大师平台页面

② CND设计网。虽然网站上的是字体设计，但是字体设计和logo设计不分家，是笔者非常喜欢的一个网站。

CND设计网页面

做一个有商业思维的电商设计师
**从小白到高手**

③ 标志情报局。主要报道企业品牌形式logo相关的新闻、趣事和背后的故事，是一个给品牌形象设计爱好者提供学习交流和分享的专业平台。

**标志情报局平台页面**

④ 站酷。综合型的设计师网站，设计类别比较多，可以在搜索分类里面找到logo设计专栏。

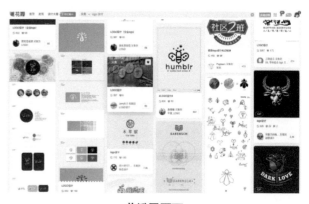

**站酷页面**

⑤ 花瓣网。素材采集型网站，可以在采集框搜索"logo"。

**花瓣网页面**

# 七、赠送案例制作视频

具体步骤
▶ 请参考视频 ◀